从零开始做
短视频编导

彭旭光◎编著

清华大学出版社

北 京

内 容 简 介

本书安排了4部分内容,分别是选题构思篇、脚本编写篇、运镜拍摄篇、成品制作篇,通过12章内容、300多张图片的讲解,让小白也能成为视频特效制作高手。

本书的具体内容包括短视频的基本内容、常见的短视频平台、选题指南、内容构思、脚本写作技巧、爆款文案写作技巧、标题策划以及模板、手机拍摄准备、运镜拍摄秘笈、视频基础处理、视频音乐剪辑、后期调色处理、短视频封面设计以及成品制作等。本书内容丰富,简单易懂,能帮助读者快速掌握短视频创作的技巧。

本书不仅适合零基础入门手机短视频的读者,以及抖音、快手、B站、微信视频号、小红书等短视频平台的资深用户,还适合学校影视、编导等相关专业作为教材使用。另外,本书的相关章节还附赠了教学视频、操作素材和效果文件,读者可以自行扫描二维码下载使用。

图书在版编目(CIP)数据

从零开始做短视频编导/彭旭光编著. —北京:清华大学出版社,2023.8(2024.2重印)
ISBN 978-7-302-64444-6

Ⅰ.①从… Ⅱ.①彭… Ⅲ.①视频制作 Ⅳ.①TN948.4

中国国家版本馆CIP数据核字(2023)第153994号

责任编辑:张 瑜
封面设计:杨玉兰
责任校对:翟维维
责任印制:丛怀宇
出版发行:清华大学出版社
    网　　址:https://www.tup.com.cn,https://www.wqxuetang.com
    地　　址:北京清华大学学研大厦A座　　邮　编:100084
    社 总 机:010-83470000　　邮　购:010-62786544
    投稿与读者服务:010-62776969,c-service@tup.tsinghua.edu.cn
    质量反馈:010-62772015,zhiliang@tup.tsinghua.edu.cn
印 装 者:小森印刷霸州有限公司
经　　销:全国新华书店
开　　本:170mm×240mm　　印　张:14.5　　字　数:276千字
版　　次:2023年9月第1版　　印　次:2024年2月第2次印刷
定　　价:79.80元

产品编号:099954-01

前言

在这个信息化时代，短视频不仅是主流的信息传播方式，还是一种常见的娱乐消遣方式，甚至可以说，短视频已经成为了许多人生活中的一部分。无论在哪里我们都可以看到刷短视频的人。

随着短视频用户的逐渐增多，许多人发现了其中的商机，以短视频拍摄、运营为职业。很多企业也都在不断地推出短视频，以期能够获得众多用户的关注，进而实现短视频盈利的目的。但是，有的运营者在运营自己短视频的账号时，常常会出现自己的短视频无人问津的情况，因此不禁产生以下疑问。

- 认认真真拍摄的短视频，为什么最后却无人问津？
- 什么样的短视频选题才能吸引到更多用户的关注？
- 短视频的脚本、标题、文案怎么写才能引人注意？
- 短视频后期如何处理才能让作品更优质更好看？

基于以上这些问题，本书从以下4个方面的内容进行分析与讲解，并结合大量的实际案例，手把手教你玩转手机短视频，带你掌握各种短视频制作技巧，帮助大家解决以上问题，抢占未来的流量红利。

（1）选题构思篇：主要包括短视频的基本内容、常见的短视频平台、短视频的选题指南、短视频的内容构思等。

（2）脚本编写篇：主要包括脚本的写作技巧、短视频文案的撰写技巧、开头结尾以及营销文案的写作技巧、短视频标题策划、热门标题模板等。

（3）运镜拍摄篇：主要包括镜头角度的分类、运镜的7种技巧、手机的视频拍摄方法、视频快速拍摄的技巧、多种构图方法、拍摄打光的技巧等。

（4）成品制作篇：主要包括视频的基础处理、视频音乐处理、视频后期调色、视频的封面设计、短视频成品制作示例等。

本书的主要特色如下。

（1）干货多：本书在选择内容时将重点放在了实用性上，如构图、运镜、选题、剪辑等，可谓是干货满满，能快速提升大家的短视频制作经验。

（2）全面：本书有4个部分和12个章节，内容全面，即便是毫无短视频制作经验的读者，也能通过学习本书掌握基本的短视频制作方法。

（3）重实操：书中的大部分知识点都带有详细的实操方法，包括前期拍摄、后期剪辑以及效果赏析等,一步一步教你怎么做。同时,全书图片的呈现数量达300多张,不仅有知识点的讲解,而且还有相应的案例图片供大家学习和参考。

特别提示:本书在编写时,是基于各软件所截的操作图片,但图书从编辑到出版需要一段时间,在这段时间里,软件界面与功能会有调整与变化,比如有的内容删除了,有的内容增加了,这是软件开发商所作的软件更新,请在阅读时,根据书中的思路,举一反三进行学习即可。

本书由彭旭光编著,提供视频素材和拍摄帮助的人员有叶芳等人,在此表示感谢。由于作者知识水平有限,书中难免有疏漏之处,恳请广大读者批评、指正。

编　者

视频 .zip

素材 .zip

效果 .zip

目 录

从零开始做短视频编导

成品制作篇

选题构思篇

第 1 章

短视频的基本概述

学前提示

　　短视频通常指的是几分钟之内的视频，其内容涉及学习教育、文化传播、社会热点、技能分享、幽默搞笑等。现如今，人们都处在一个快节奏的时代，短视频的出现能够很好地满足人们利用碎片化的时间娱乐、工作、学习的需求。

1.1 短视频的基本内容

在 4G 通信广泛普及后，短视频快速发展，成为了一股影响着广大民众工作、生活、学习的新力量。本节我们便来详细介绍短视频的基本内容。

1.1.1 概念特征

什么是短视频呢？一般来说，视频时长控制在 5 分钟之内，能够让人利用碎片化的时间观看的视频便是短视频。

不过，针对短视频的时长，快手短视频平台提出"57 秒，竖屏，这是短视频行业的工业标准"，而今日头条的副总裁赵添则认为"4 分钟是短视频最主流的时长，也是最合适的播放时长"。

与短视频相比，长视频一般是在半个小时以上，通常是由专业的影视公司制作完成，如各种网络影视剧。目前，长视频的主要特点是投入大、成本大、拍摄时间长，其制作也越来越专业。除此之外，长视频和短视频还有以下几个区别，如表 1-1 所示。

表 1-1　长视频与短视频的区别

分　类	长 视 频	短 视 频
用户时间	整段时间	碎片化时间
应用场景	网络影视剧	应用场景非常广泛，主要包括社交媒体、营销推广等方面
传播领域	传播速度相对较慢	传播速度快
社交属性	较弱	较强

短视频能够满足大家消磨碎片化时间的需求，有着极强的互动性、社交属性以及营销能力。其特征主要有以下几点，如图 1-1 所示。

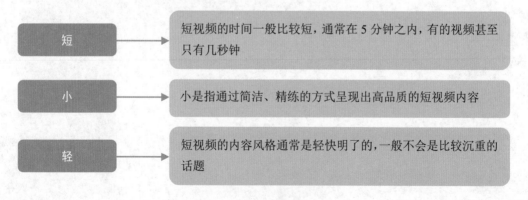

图 1-1　短视频的特征

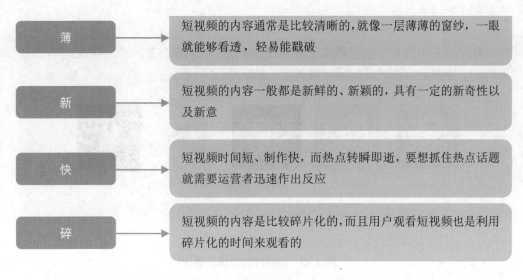

薄	短视频的内容通常是比较清晰的,就像一层薄薄的窗纱,一眼就能够看透,轻易能戳破
新	短视频的内容一般都是新鲜的、新颖的,具有一定的新奇性以及新意
快	短视频时间短、制作快,而热点转瞬即逝,要想抓住热点话题就需要运营者迅速作出反应
碎	短视频的内容是比较碎片化的,而且用户观看短视频也是利用碎片化的时间来观看的

图1-1 短视频的特征(续)

1.1.2 社会功能

短视频作为一种互联网内容传播方式,受到了各大平台以及企业的青睐,因此其具有一定的社会功能,如图1-2所示。

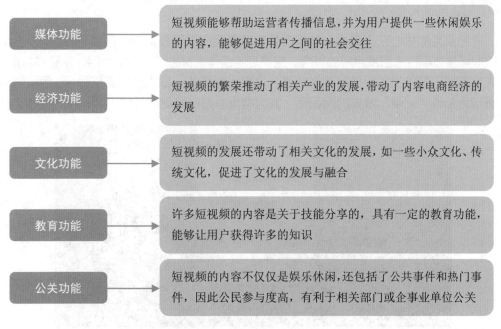

媒体功能	短视频能够帮助运营者传播信息,并为用户提供一些休闲娱乐的内容,能够促进用户之间的社会交往
经济功能	短视频的繁荣推动了相关产业的发展,带动了内容电商经济的发展
文化功能	短视频的发展还带动了相关文化的发展,如一些小众文化、传统文化,促进了文化的发展与融合
教育功能	许多短视频的内容是关于技能分享的,具有一定的教育功能,能够让用户获得许多的知识
公关功能	短视频的内容不仅仅是娱乐休闲,还包括了公共事件和热门事件,因此公民参与度高,有利于相关部门或企事业单位公关

图1-2 短视频的5大功能

1.1.3 发展历程

从 2013 年至今，短视频共经历了五大阶段，分别是萌芽时期、探索时期、发展时期、爆发时期和成熟时期，具体情况如图 1-3 所示。

图 1-3 短视频的发展历程

1.1.4 类型

在各大短视频平台中，各类短视频都有。一般来说，短视频主要有七种类型，分别是纪录片型、网红 IP（Intellectual Property，知识产权）型、搞笑恶搞型、情景短剧型、技能分享型、街头采访型、创意剪辑型。

1．纪录片型

纪录片的核心在于真实，其本质是为了向用户展示真实的场景或事件，然后用这些场景或事件来引发用户的思考。纪录片的创作素材来源于真实生活，主要是对真人真事进行艺术加工。值得注意的是，世界上最早的一批电影都是纪录片。图 1-4 所示为账号"一条"发布的短视频，其内容大多是以短纪录片的形式呈现出来的。

图 1-4 账号"一条"发布的短视频

2. 网红 IP 型

网红 IP 型短视频的内容比较贴近生活。一般来说，网红 IP 型的短视频有着庞大的粉丝基础，因此其背后的商业价值是非常大的。图 1-5 所示为一个典型的网红 IP 型短视频。

图 1-5　典型的网红 IP 型短视频

3. 搞笑恶搞型

搞笑恶搞型短视频在各大短视频中是比较多的。在快手短视频平台中，草根类恶搞型短视频占了很大一部分。当然，抖音短视频平台上也有着各种搞笑恶搞型的短视频。这类视频只要不是过于夸张，一般都会获得用户的喜爱。图 1-6 所示为搞笑恶搞类短视频。

图 1-6　搞笑恶搞型短视频

4. 情景短剧型

情景短视频的内容特点主要是以真实的情景演绎为主，将某一个特定的场景或者故事演绎出来，以达到传达信息的目的。一般来说，情景短剧的内容包括亲情、爱情、友情等多个方面，能够引起用户的共鸣。此外，有的情景短剧型短视频还是分集数的，如图1-7所示。

图1-7　情景短剧型短视频

5. 技能分享型

技能分享型短视频也是比较常见的短视频类型，其中包括各种乐器的技能分享、手工制作技能分享、美食制作技能分享等。图1-8所示为古筝教学的短视频。

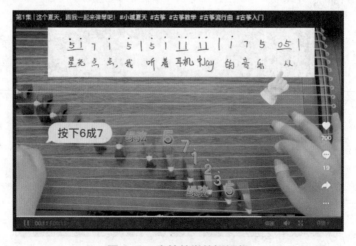

图1-8　古筝教学的短视频

6．街头采访型

街头采访型短视频也是目前比较热门的短视频类型之一。这类短视频制作比较简单，一般都会有一个制作团队，而且话题性比较强，还能引导用户在评论区进行讨论，如图 1-9 所示。

图 1-9　街头采访类短视频

7．创意剪辑型

创意剪辑型短视频也是各大短视频平台中比较热门的表现形式之一。这类短视频通常具有一定的技术性，会通过各种剪辑技巧，融合各种新颖创意，制作出许多精美、震撼、搞笑、鬼畜的短视频，有的甚至还会加入一些解说。图 1-10 所示为创意剪辑类短视频，该短视频通过运用各种剪辑技巧，创作出了一个技术流类型的短视频。

图 1-10　创意剪辑类短视频

1.2 常见的短视频平台

短视频平台有很多，而且各有各的特点，平台内还包含了各种用户自发创作的各类短视频。本节我们便来学习短视频平台的功能、内容生产分发、内容监管模式以及主要的短视频平台。

1.2.1 短视频平台的功能

目前，市场中存在着许多短视频平台，如抖音、快手等，这些平台都有着以下3个方面的功能，分别是连接产销、搭建平台、赋能用户，如图1-11所示。

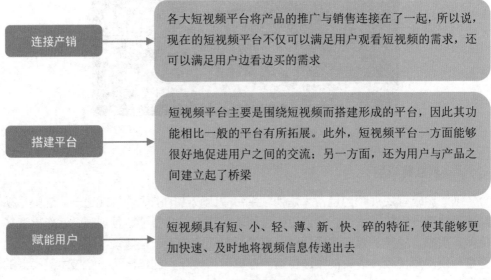

连接产销 → 各大短视频平台将产品的推广与销售连接在了一起，所以说，现在的短视频平台不仅可以满足用户观看短视频的需求，还可以满足用户边看边买的需求

搭建平台 → 短视频平台主要是围绕短视频而搭建形成的平台，因此其功能相比一般的平台有所拓展。此外，短视频平台一方面能够很好地促进用户之间的交流；另一方面，还为用户与产品之间建立起了桥梁

赋能用户 → 短视频具有短、小、轻、薄、新、快、碎的特征，使其能够更加快速、及时地将视频信息传递出去

图1-11 短视频平台的功能

1.2.2 平台内容生产分发

一般来说，短视频平台的核心逻辑主要包括3个方面，分别是人人参与、精准匹配和注意力经济，其社区化运营逻辑如图1-12所示。

注意力经济最早是在一位美国学者发表的文章《注意力经济学》中出现的，而正式提出这一概念的是美国的迈克尔·戈德海伯。在注意力经济中，用户的注意力成为了最重要的资源。只有当用户注意到某个产品，他才有可能会去购买这个产品，而要用户能够注意到某个产品，便需要企业去争夺用户的视觉，因此也称注意力为"眼球经济"。

注意力经济有着十大特征，分别是内涵特征、市场特征、表现特征、商业特征、竞争方式、增长特征、产品特征、组织特征、运作特征、物质特征。一般来说，注意力经济有着6个方面的内涵，如图1-13所示。

短视频平台社区化运营逻辑
私信沟通
制作发布
短视频
观看短视频
短视频
发布者
短视频
短视频
浏览者
被关注、被点赞
被评论、被转发
关注、点赞
评论、转发

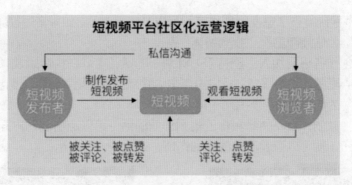

图 1-12　短视频平台社区化运营逻辑

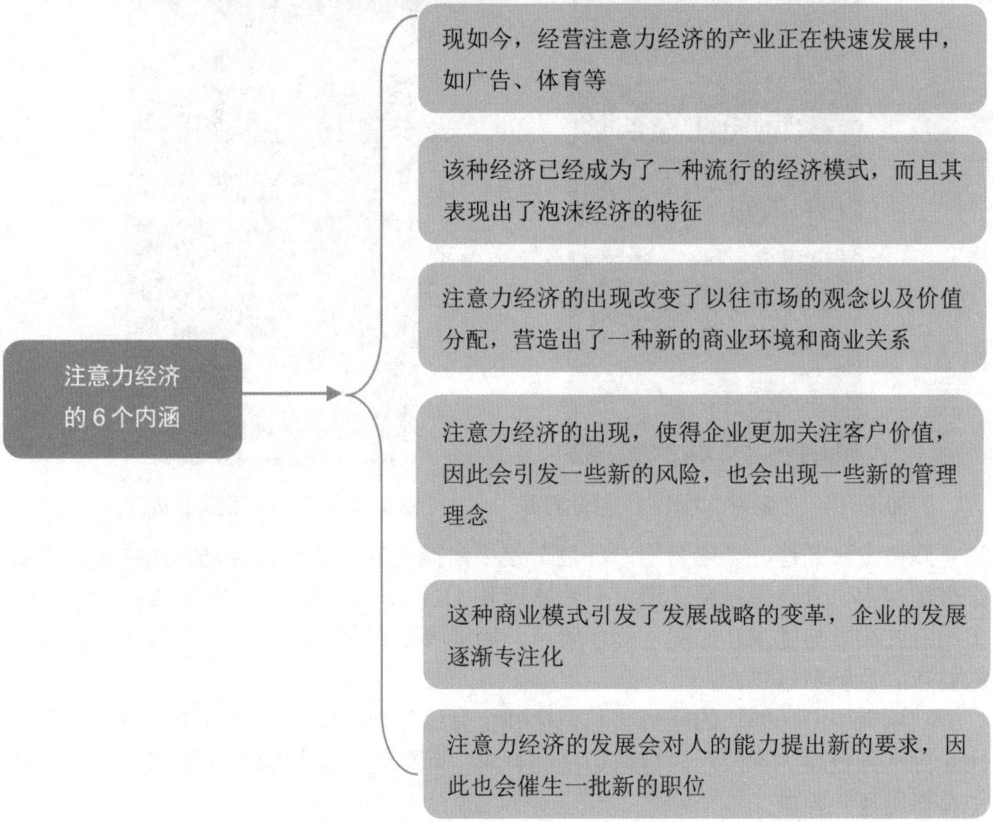

注意力经济
的 6 个内涵
现如今，经营注意力经济的产业正在快速发展中，如广告、体育等
该种经济已经成为了一种流行的经济模式，而且其表现出了泡沫经济的特征
注意力经济的出现改变了以往市场的观念以及价值分配，营造出了一种新的商业环境和商业关系
注意力经济的出现，使得企业更加关注客户价值，因此会引发一些新的风险，也会出现一些新的管理理念
这种商业模式引发了发展战略的变革，企业的发展逐渐专注化
注意力经济的发展会对人的能力提出新的要求，因此也会催生一批新的职位

图 1-13　注意力经济的 6 个内涵

下面我们来了解短视频平台的内容生产以及内容分发的相关情况。

1. 短视频平台的内容生产

短视频平台中的短视频往往都是用户自发创作的，而用户之所以能够不断自发

创作,是因为平台给予了短视频创作者引导以及经济激励,如抖音短视频平台的"剧有引力计划""站外激励""视频赞赏"等。

短视频创作者想要加入"剧有引力计划"的话,可以在抖音短视频平台中的创作者服务中心里的"我的服务"板块内点击"剧有引力计划"按钮,便可以进入"剧有引力计划"的活动界面,如图 1-14 所示。

如果短视频创作者不熟悉具体的规则详情的话,可以点击活动界面底部的"剧有引力"按钮,便可以查看活动的规则详情,如图 1-15 所示。

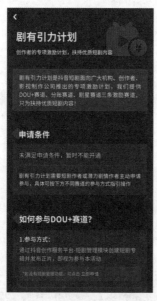
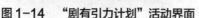

图 1-14　"剧有引力计划"活动界面　　　　图 1-15　活动规则详情界面

值得注意的是,"剧有引力计划"是平台推出的专项激励计划,其中包括了 3 条激励赛道,分别是剧星赛道、分账赛道和 DOU + 赛道,不同的赛道有着不同的参与方式和参与要求,如图 1-16 所示。短视频创作参与时一定要认真了解各赛道的要求以及参与方式。

"剧有引力计划"的任务奖励包括现金分账和流量激励两种方式,但活动门槛比全民任务更高,不仅对内容有更高的要求,而且对参与者的粉丝量和作品播放量也有着更高的要求。

此外,除了用户因平台的引导和激励而自发创作短视频外,用户还会因为想要满足自身表达、吸粉的需求,而不断地创作新的短视频。

2. 短视频平台的内容分发

一般来说,短视频平台内容分发的模式主要有 3 种,分别是算法分发、社交分发、人工分发。下面我们便来讲解一下这 3 种分发模式的具体情况。

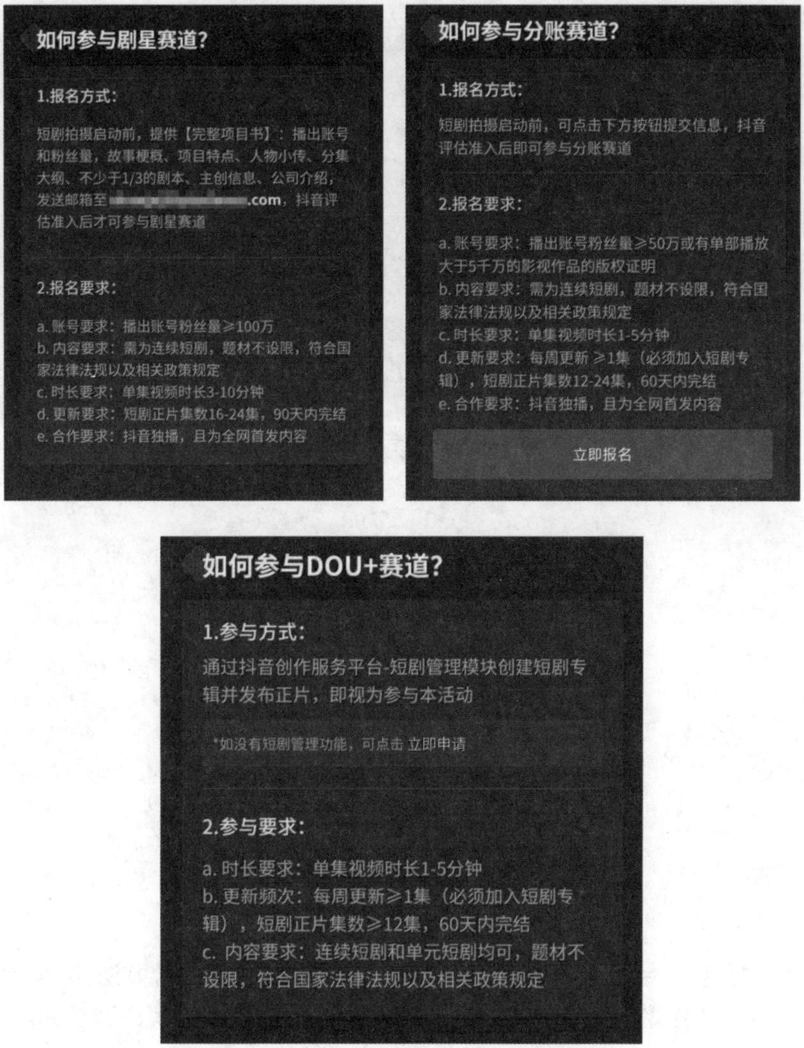

如何参与剧星赛道?

1.报名方式:

短剧拍摄启动前,提供【完整项目书】:播出账号和粉丝量,故事梗概,项目特点、人物小传、分集大纲、不少于1/3的剧本、主创信息、公司介绍,发送邮箱至▓▓▓▓▓▓.com,抖音评估准入后才可参与剧星赛道

2.报名要求:

a.账号要求:播出账号粉丝量≥100万
b.内容要求:需为连续短剧,题材不设限,符合国家法律法规以及相关政策规定
c.时长要求:单集视频时长3-10分钟
d.更新要求:短剧正片集数16-24集,90天内完结
e.合作要求:抖音独播,且为全网首发内容

如何参与分账赛道?

1.报名方式:

短剧拍摄启动前,可点击下方按钮提交信息,抖音评估准入后即可参与分账赛道

2.报名要求:

a.账号要求:播出账号粉丝量≥50万或有单部播放大于5千万的影视作品的版权证明
b.内容要求:需为连续短剧,题材不设限,符合国家法律法规以及相关政策规定
c.时长要求:单集视频时长1-5分钟
d.更新要求:每周更新≥1集(必须加入短剧专辑),短剧正片集数12-24集,60天内完结
e.合作要求:抖音独播,且为全网首发内容

立即报名

如何参与DOU+赛道?

1.参与方式:

通过抖音创作服务平台-短剧管理模块创建短剧专辑并发布正片,即视为参与本活动

*如没有短剧管理功能,可点击 立即申请

2.参与要求:

a.时长要求:单集视频时长1-5分钟
b.更新频次:每周更新≥1集(必须加入短剧专辑),短剧正片集数≥12集,60天内完结
c.内容要求:连续短剧和单元短剧均可,题材不设限,符合国家法律法规以及相关政策规定

图 1-16 3 条激励赛道的参与方式

1)算法分发

算法分发主要是通过机器根据用户的兴趣与喜好来推荐内容,常见的推荐算法主要有 6 种,如图 1-17 所示。

相较于其他分发方式,算法分发能够让用户更加容易获得有价值的信息。例如,当用户关注了相亲这一话题时,算法推荐便会将与相亲有关的内容推荐给他。算法推荐会导致信息茧房效应,让用户只能了解到相似的信息。

算法分发的流程如图 1-18 所示,可以看出,在算法分发中,标签是非常重要的,机器算法会给内容和用户都贴上标签,然后平台会根据用户的标签来推荐内容,而用户则根据标签来观看内容。

图 1-17　常见的推荐算法

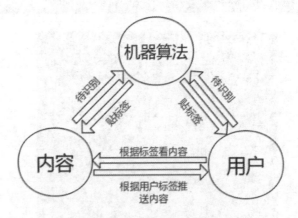

图 1-18　算法分发流程图

抖音短视频平台是当下比较火的短视频平台之一，其算法推荐示意图如图 1-19 所示。值得注意的是，抖音是一个强算法性的平台，其以算法为内容导向，并采用去中心化的内容分发模式，因此平台中的爆款视频众多。

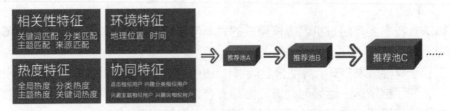

图 1-19　抖音算法推荐示意图

目前，在短视频中，算法分发的应用已经相对成熟了，但是其依然存在许多不足，如在用户画像精度、内容价值甄别方面还有待加强，如图1-20所示。

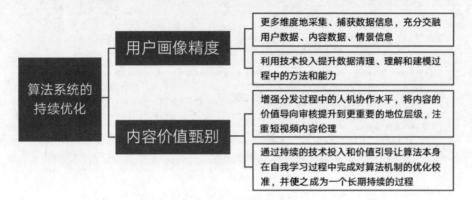

图1-20 智能算法分发价值优化

2）社交分发

社交分发主要是通过用户之间的社交关系来推广短视频，其流程如图1-21所示。

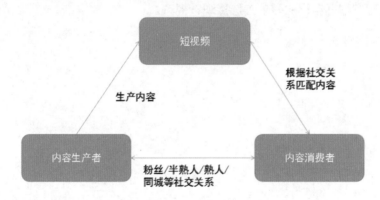

图1-21 社交分发流程

运用社交分发比较典型的便是微信视频号。微信视频号主要是根据用户微信通讯录中的社交关系进行分发。

3）人工分发

顾名思义，人工分发指的是通过人工审核来向用户分发各类短视频，也称为编辑分发。虽然各大短视频平台都运用了算法分发的方式，但是人工分发还是在内容分发中发挥了巨大的作用。现在短视频平台仍在招聘视频内容的审核员，对平台中的短视频进行人工审核以及分发。

值得注意的是，为保障网络短视频的良性发展，我国针对短视频的内容审核制定了审核标准，如图1-22所示。

图 1-22　《网络短视频内容审核标准细则》修订版发布

图 1-23 所示为编辑分发与社交分发的示意图。可以看出,编辑分发主要是以编辑为中心展开的。但是,社交分发中没有中心,即去中心化,而且社交分发中没有编辑,也可以说社交分发中人人都是编辑。社交分发将内容的筛选权交给了用户自己,让用户根据自己的需求去选择观看视频。

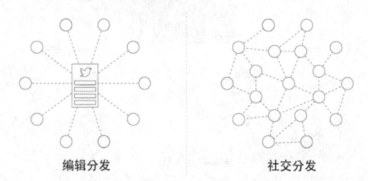

编辑分发　　　　　　　社交分发

图 1-23　编辑分发与社交分发的示意图

3 种分发方式既有优点,又有缺点,下面我们来看一下这 3 种分发方式的对比情况,如表 1-2 所示。

表 1-2　3 种分发方式的对比情况

	代表平台	分发机制描述	优　点	缺　点
人工分发	网易、新浪	借由专业背景知识的编辑完成从海量内容到有限展示位置的过滤和筛选	保证了内容的平均	基于专家的判断会出现单个编辑偏差的情况;中心化的分发方式难以满足用户的个性化需求

	代表平台	分发机制描述	优　点	缺　点
社交分发	微信	由内部实现分发，以人为中心，基于扩散式转发获得庞大的内容分发效率	有助于内容分发去中心化；满足用户个性化需求和社交需求	稳定器大 V 逐渐垄断流量和话语权；信息过载，信息获取效率下降
算法分发	头条	借助机器推荐引擎技术，向用户推送符合其兴趣或价值偏好的特定信息	减少用户的无效观看，提升信息分发效率，有利于中长尾内容创作者	制造信息茧房；中心化分发方式容易造成价值观缺失、内容低质化和不正当竞争

1.2.3　平台内容监管模式

短视频平台的内容监管模式主要有 4 种，分别是用户监督、平台自律、同行监督和政府监督。早在 2019 年，中国网络视频节目服务协会便发布了《网络短视频平台管理规范》，如图 1-24 所示。

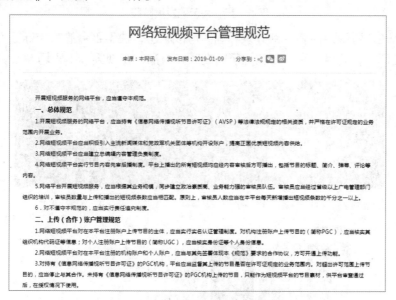

图 1-24　网络短视频平台管理规范

1.2.4　主要的短视频平台

许多企业家都看中了短视频的商业价值，纷纷开始创建新的短视频平台，因此现在市场中有着许多的短视频平台。下面我们便来介绍几个大家比较熟悉的短视频平台。

1．快手

2011 年 3 月，GIF 快手诞生，这是快手 App 的前身。后在 2013 年 10 月 GIF 快手正式转型为短视频社交平台，并于 2014 年 11 月正式更名为快手。快手 App 的发展分为 3 个阶段，具体情况如图 1-25 所示。

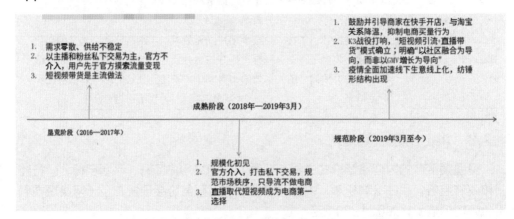

图 1-25　快手的发展阶段

图 1-26 所示为快手平台登录界面，可以看出，快手平台的宣传标语为"拥抱每一种生活"，而且该平台还包括了短视频、直播、长视频、小剧场等板块。

图 1-26　快手平台登录界面

相比于其他短视频平台，快手更加注重用户的参与度，短视频推荐比较分散，主要是为了让更多创作者的短视频能够被大家看见。如抖音会将流量分发给头部创作者的短视频，而快手则会将 70% 的普惠流量都分发给中部的创作者。此外，快手重视社区的打造，因此用户对平台的黏性较强。

快手平台有着 3 大特点，分别是去中心化、流量公平、重社交，如图 1-27 所示。

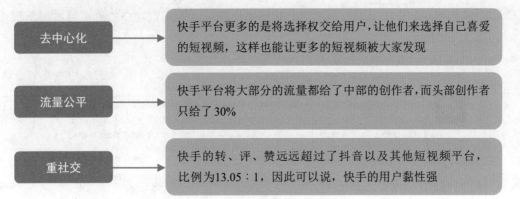

去中心化	快手平台更多的是将选择权交给用户,让他们来选择自己喜爱的短视频,这样也能让更多的短视频被大家发现
流量公平	快手平台将大部分的流量都给了中部的创作者,而头部创作者只给了30%
重社交	快手的转、评、赞远远超过了抖音以及其他短视频平台,比例为13.05∶1,因此可以说,快手的用户黏性强

图 1-27　快手平台的 3 个特点

快手短视频的发展，催生了"老铁经济"，其模式如图 1-28 所示。相较于其他短视频平台来说，快手的"老铁经济"更接地气、更亲民。

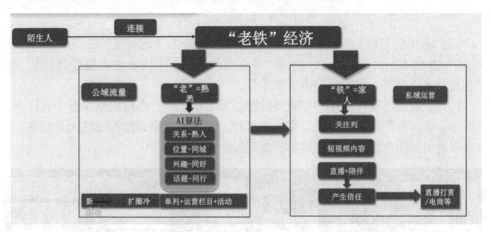

图 1-28　"老铁经济"模式

专家提醒

　　"老铁经济"是快手平台中一种特殊的经济模式。在快手平台中，大多数的创作者都是草根出生，相互交流时会使用"老铁"来称呼以拉近距离，因此该称呼也就融入了快手的电商经济。这种凭借着"身份认同"而获得用户好感并引导用户购买产品的模式被称为"老铁经济"。

2. 抖音

抖音于 2016 年上线,是由字节跳动孵化的一款短视频社交软件,其发展历程如图 1-29 所示。

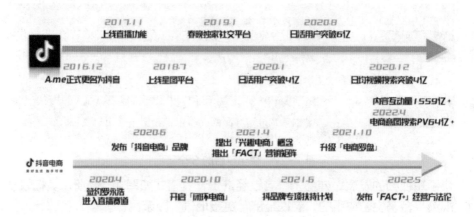

图 1-29 抖音的发展历程

抖音的平台定位为个性、记录生活,其宣传语为"记录美好生活"。平台以 UGC(User Generated Content,用户原创内容)为主,进入壁垒比较低,因此容易被用户接受,且生态圈作品技术强。

抖音平台目前是许多用户都喜爱的短视频平台之一,而且由于平台中有许多激励措施,创作好的作品还会受到平台的推荐,使得用户创作的积极性大大提高。在抖音平台中,短视频从发布到推荐的流程如图 1-30 所示。

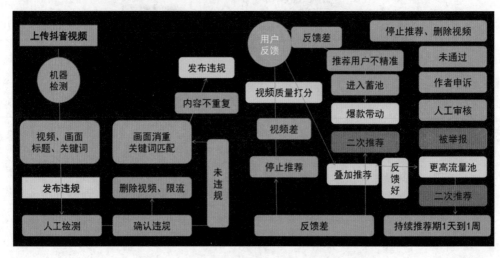

图 1-30 抖音平台短视频从发布到推荐的流程

另外，抖音短视频还有属于自己的一套推荐机制，即机器算法＋人工双重审核，其分配的流程如图 1-31 所示。

图 1-31　抖音平台短视频分配的流程

随着抖音短视频的不断发展，抖音电商也在蓬勃发展中，许多创作者通过自己创作的作品赚到了自己的第一桶金。此外，在抖音平台中，抖音电商实现了用户、内容、商品、服务的正向循环，并且在达人、品牌商家的供给以及 MCN（Multi-Channel Network，多频道网络）和服务商的助力下，抖音电商的生态不断繁荣，如图 1-32 所示（图中的 DP 指的是抖音购物车功能运营服务商）。

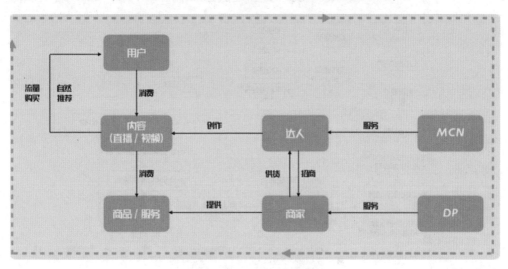

图 1-32　抖音电商生态

3．秒拍

秒拍是由炫一下（北京）科技有限公司推出的一个短视频社交化平台，其核心用户主要是 90 后的女性，包括大学生以及一些职场新人。

秒拍平台具有强媒体的属性，其与微博是一脉相承的，也有着很强的社交属性。秒拍平台凭借好友关系的导入分享功能，使得平台的用户黏性更强。秒拍平台有多个频道，分别是热门话题、明星频道、小咖秀、搞笑频道、女神频道和韩娱频道等。秒拍平台的主要功能包括 3 个方面，如图 1-33 所示。秒拍平台的核心功能流程如图 1-34 所示。

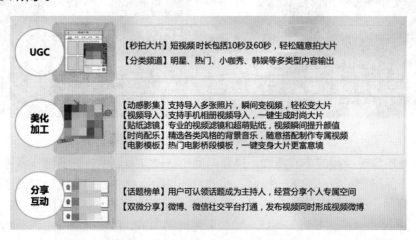

图 1-33　秒拍平台的主要功能

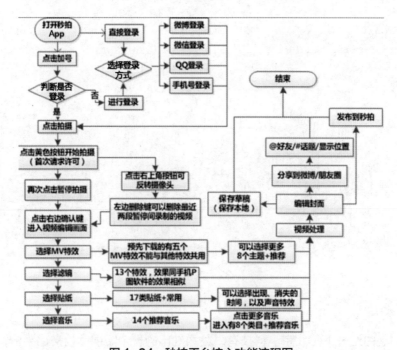

图 1-34　秒拍平台核心功能流程图

　　与其他短视频平台相比，秒拍平台具有用户界面简洁、制作短视频时能够间断录制以及有多种功能特效可以使用等特点。

4. 微视

微视于 2013 年 9 月诞生，在 2017 年 4 月停止全部服务，而后又在 2018 年 4 月重新启动，其宣传标语为"发现更有趣"。微视的产品定位为短视频创作与分享平台。与抖音、快手相同，微视也包括了四大主要功能模块，分别是内容浏览模块、内容创作模块、消息互动模块和电商模块。

因为与微信、QQ 等产品的导流以及同类平台相似的交互方式和产品结构，所以微视也有着用户获取容易、学习成本低的优点。但是，微视产品的定位比较模糊，内容质量和用户的参与感都比较低，因此微视很难有平台忠实用户。图 1-35 所示为微视主界面。

图 1-35　微视主界面

除了以上介绍的 4 个短视频平台以外，市场中还有许多的短视频平台，如梨视频、美拍、全民小视频、趣头条、火山、西瓜等，如表 1-3 所示。

表 1-3　其他各短视频平台

短视频平台	标　语	特　点
梨视频	有故事的短视频	资讯类视频平台
美拍	在美拍，每天都有新收获	女性居多，美妆类垂直领域优势比较强
全民小视频	品味达人趣事，发现真实有趣的世界	覆盖多种类型的视频，以分享、记录、高颜值居多

续表

短视频平台	标　语	特　点
趣头条	让阅读更有价值	对标抖音极速版和快手极速版，目标为三四线城市用户
火山	更多朋友，更大世界	对标快手，内容更接地气，更适合大众化品牌和人群，功能容易上手
西瓜	给你新鲜好看	内容频道丰富，影视、游戏、音乐、美食、综艺五大类频道占据平台中半数视频量

1.3　短视频行业发展

　　短视频之所以能够迅速发展起来，一方面是因为短视频能够很好地利用大家现在碎片化的时间；另一方面是因为短视频制作的门槛比较低，很多人既可以观看短视频，也可以自己进行创作。此外，短视频有着强社交属性，可以为其带来更多的热度。本节我们便来了解短视频行业的发展情况。

1.3.1　市场用户规模

　　随着移动网络的发展与普及，各大短视频平台相继诞生，加速了短视频行业的发展。目前，短视频已经进入了沉淀期，各大平台的发展难度加大，头部平台的优势扩大，并在寻求资本化道路，如图1-36所示。

图1-36　短视频行业发展阶段

　　短视频充分发挥了移动设备的便捷性以及短视频时间短的优势，方便用户能够利用碎片化的时间去娱乐、社交。而且，短视频也能够帮助人们更好地记录生活，因此越来越多的用户都喜欢创作及观看短视频。

　　2022年，我国互联网络信息中心发布了第48次《中国互联网络发展状况统计报告》。报告中显示，截止到2021年6月，我国网民的数量达到了10.11亿，其中手机网民用户数量达到了10.07亿；而网络视频（含短视频）用户数量高达9.44亿，其中短视频的用户数量为8.88亿，较2020年12月增长了1440万，占网民整体的87.8%。短视频用户成为网络视频用户的最强增长点，用户规模和网民使用率仅次于即时通信，短视频已成为仅次于即时通信的第二大网络应用。

从 2018 年 12 月到 2021 年 12 月，我国短视频用户规模从 6.48 亿上升到了 9.34 亿，如图 1-37 所示。从 2018 年 12 月到 2021 年 12 月，我国短视频使用率从 78.21% 提高到了 90.52%，如图 1-38 所示。

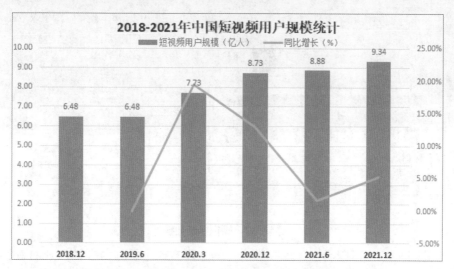

图 1-37　2018-2021 年中国短视频用户规模统计（数据来源：CNNIC、智研咨询）

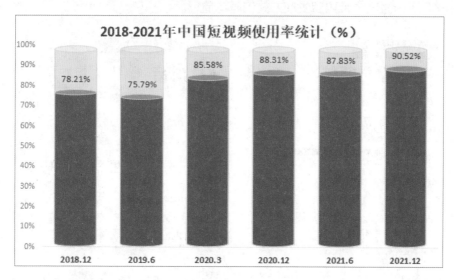

图 1-38　2018-2021 年中国短视频使用率统计（数据来源：CNNIC、智研咨询）

1.3.2　短视频行业产业链

到目前为止，短视频的产业链已经相对完善了，并且产业链中参与的主体众多，包括内容生产端、营销平台、广告商、监管部门等，如图 1-39 所示。

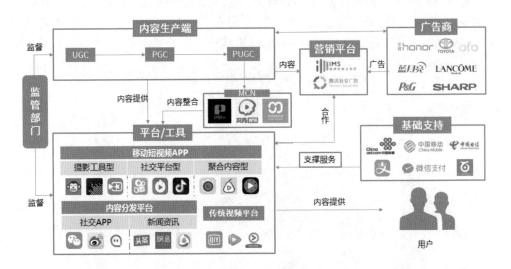

图 1-39　短视频产业链

从图 1-39 中可以看出，短视频内容的生产方式主要分为 3 种，分别是 PGC（专业生产内容）、PUGC（网红 / 明星生产内容）和 UGC（用户生产内容）。图 1-40 所示为这 3 种内容生产方式的基本情况。

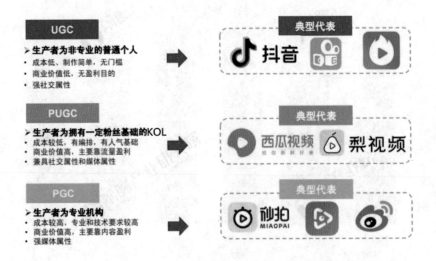

图 1-40　3 种内容生产方式的基本情况

1.3.3　5 种变现模式

一般来说，市场中各大短视频平台都会存在着各种变现模式，不过最主要的是以下 5 种变现模式，如图 1-41 所示。

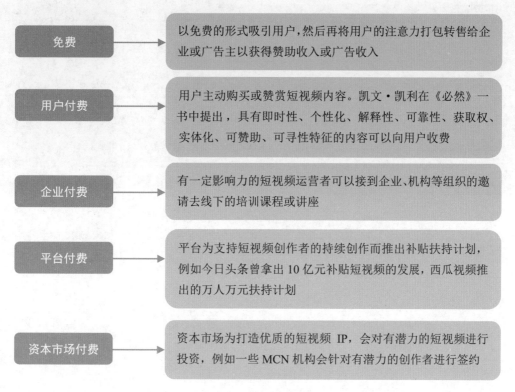

免费	以免费的形式吸引用户，然后再将用户的注意力打包转售给企业或广告主以获得赞助收入或广告收入
用户付费	用户主动购买或赞赏短视频内容。凯文·凯利在《必然》一书中提出，具有即时性、个性化、解释性、可靠性、获取权、实体化、可赞助、可寻性特征的内容可以向用户收费
企业付费	有一定影响力的短视频运营者可以接到企业、机构等组织的邀请去线下的培训课程或讲座
平台付费	平台为支持短视频创作者的持续创作而推出补贴扶持计划，例如今日头条曾拿出 10 亿元补贴短视频的发展，西瓜视频推出的万人万元扶持计划
资本市场付费	资本市场为打造优质的短视频 IP，会对有潜力的短视频进行投资，例如一些 MCN 机构会针对有潜力的创作者进行签约

图 1-41　5 种变现方式

1.3.4　面临的困境策略

目前，短视频发展主要面临 4 个方面的困境，分别是用户增长乏力、内容原创不足、商业变现瓶颈、行业监管趋严，具体内容如下所述。

（1）用户增长乏力。目前，我国短视频用户规模已经很大了，占据了网民整体数量的 85% 以上，因此短视频用户不会再出现快速增长的情况。

（2）内容原创不足。短视频的门槛比较低，激发了很多短视频用户去创作，因此也导致了同质化内容比较严重，原创作品较少。

（3）商业变现瓶颈。由于用户增长乏力、增速变缓，短视频的红利期也就慢慢没有了，因此导致短视频的商业变现出现了瓶颈。

（4）行业监管趋严。近年来，国家加大了对短视频行业的监管力度，出台了多项文件。

但是，随着 5G 时代的到来，短视频迎来了新的发展机遇，媒体的视频化、娱乐经济的繁荣为短视频发展带来了新的契机。

第 2 章

短视频的选题指南

学前
提示

　　在各大短视频平台中，短视频的内容越来越多，做好
选题策划才能让你的短视频脱颖而出。目前，选题主要
有时尚类、美妆类、影视类、生活类、旅行类等。那么，
如何寻找一个合适的选题呢？本章便来带大家来了解
一下。

2.1 短视频选题素材

一个好的选题有时会让短视频迅速得到用户的关注，而且做好选题还能让创作者得到平台的支持，进而在无形之中增加了短视频曝光率。本节我们便来了解一下短视频平台中比较常见的热门选题。

2.1.1 幽默喜剧类

幽默喜剧类一直都是比较热门的选题方向，也比较受用户的喜爱。观看幽默喜剧类的短视频能够让用户暂时放下现实生活中的烦恼，因此这类的选题能够引起大多数用户的兴趣。一般来说，这类选题只要不涉及到敏感事件，便能够拥有许多忠实用户。幽默喜剧类短视频一般以盘点各类合集为主，如图 2-1 所示。

图 2-1　盘点合集类短视频

幽默喜剧类的短视频中比较火的一个类型是吐槽类。这类短视频会针对当时比较火的事件、影视剧或明星进行吐槽，且语言风格比较犀利、幽默，往往能够一针见血地指出问题所在，因此比较受用户的喜爱。

但是，这类短视频中，有的运营者不尊重客观事实，而是通过随意抹黑的方式来吐槽，这样虽然可能会满足一部分用户的恶趣味，但是会引起大部分用户的不满，因此这种方式是不可取的。而且，吐槽类短视频虽然主要内容是吐槽，但一定要坚持正能量，不能输出不符合正确的三观及公序良俗的内容，更不能触犯国家法律。

图 2-2 所示为吐槽类短视频。该短视频吐槽的是一部网络大电影，而且运营者还分了几集来进行吐槽。

另外，吐槽类的短视频在吐槽时一定要把握 3 点技巧，如图 2-3 所示。

图 2-2 吐槽类短视频

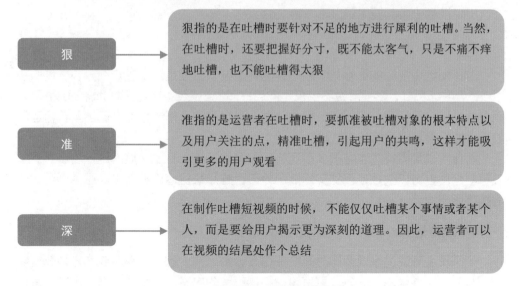

狠	狠指的是在吐槽时要针对不足的地方进行犀利的吐槽。当然，在吐槽时，还要把握好分寸，既不能太客气，只是不痛不痒地吐槽，也不能吐槽得太狠
准	准指的是运营者在吐槽时，要抓准被吐槽对象的根本特点以及用户关注的点，精准吐槽，引起用户的共鸣，这样才能吸引更多的用户观看
深	在制作吐槽短视频的时候，不能仅仅吐槽某个事情或者某个人，而是要给用户揭示更为深刻的道理。因此，运营者可以在视频的结尾处作个总结

图 2-3 吐槽类短视频的制作技巧

2.1.2 影视解说类

影视解说类短视频也是现在比较火的选题类型。一般来说，这种短视频会将一部几十集的电视剧或者一部电影浓缩成一个或几个短视频。对于平时比较忙，没有多余的时间看电视的用户来说，这种短视频很受他们的喜欢。图 2-4 所示为影视解说类短视频，该短视频是为用户讲解一部名为《美人皮》的电影，而且这也是应用户的要求而讲解的。

图 2-4　影视解说类短视频

影视解说类短视频看起来比较简单，但是制作起来也不是那么容易的，想要做好这类短视频一般需要做到以下 3 点。

1．风格定位

做影视类短视频的账号其实就已经明确定位了，但是还要进行细分，才能吸引更多的用户。另外，影视解说不仅仅是向用户解说电影或电视剧的剧情和画面播放，而是要给用户留下深刻的印象，因此就需要有自己的风格，且这个风格要符合运营者个人的兴趣点以及表达方式。

影视解说类短视频也有很多种风格，如魔性搞笑、专业深度解说、出镜影评解说等。运营者可以根据自己的实际情况为自己的账号打造出独特性，避免因同质化而被市场淘汰。

2．剧情剖析

一个影视解说类短视频的时间往往在 5 分钟之内，因此运营者制作影视解说类短视频时一定要简单地去概述整部电视剧或电影的内容，而且要全面，不能"缺斤少两"。另外，运营者还需要选取影视剧中精彩的部分进行详细讲述。因此，运营者在对一个电视剧或电影进行解说时，既要全面，又要有重点。

值得注意的是，运营者在讲解时，一定要条理清晰，将电视剧或电影的优缺点明确地告诉用户，而且要有理有据。

3．内容延展

用户观看影视解说类短视频，看的不仅仅是运营者讲述的电影、电视剧的内容，还有运营者的观点和态度。因此，在制作一个影视解说类短视频的时候，运营者可以适当地挖掘这部电影或电视剧的背景、导演资历、包含的冷门知识、拍摄技巧以及这部电影或电视剧的主题、意义等。

图 2-5 所示为解说《金陵十三钗》的短视频。该短视频在开头的时候讲述了这部影片上映后的票房表现，在结尾处讲述自己的感受，引起了大家的共鸣。

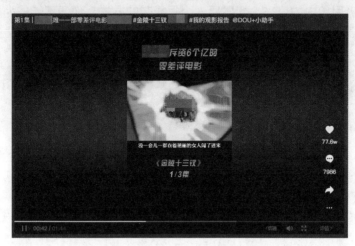

图 2-5　解说《金陵十三钗》的短视频

2.1.3　生活技巧类

生活技巧类短视频与幽默喜剧类短视频不同，后者主要是为了能够让用户放松，而前者则强调的是实用二字，其通过短短的几分钟将一个或多个生活技巧展示出来，因此两者的受众也不一样。图 2-6 所示为生活技巧类短视频，该短视频主要讲解的是水果的正确切法。

图 2-6　生活技巧类短视频

在策划生活技巧类的短视频时，要注意以下 3 个方面。

1．通俗易懂

生活技巧类的短视频在制作时一定要通俗易懂，将困难的事情简单化。简单的小技巧才能吸引用户的目光，如果是一个很复杂的方式，那便不能成为技巧了，用户也没有必要去了解。用户之所以观看生活小技巧，主要是为了了解更多简单、快捷的办法。

通俗易懂主要体现在两个方面，分别是用词通俗和步骤详细，运营者甚至还可以在关键的部分用一定的剪辑手法进行强调。

2．实用性强

生活技巧类非常重要的两个点就在于要贴近生活且实用性强，即能够给用户在生活上带来便利。如果用户看到你的短视频没有获得生活上的便利的话，那么这个视频便是不合格的。

所以，运营者在制作短视频时，首先要了解用户在生活中有哪些困难，然后针对这些困难去制作短视频，这样制作出来的短视频才是最具实用性的。

3．标题新颖、具体

要想打造一个热门短视频，在标题上下功夫是必不可少的，一个好的标题往往能给你带来更多的用户关注。任何选题的短视频标题的选取都是非常重要的，而在生活技巧类短视频中，可以将标题取得新颖、具体，如"活了 20 多年才知道手机插头还有这样的妙用，看完我也试一试"与"手机插头还能这样用"，更加地吸引用户。图 2-7 所示为新颖、具体的生活类短视频标题示例。

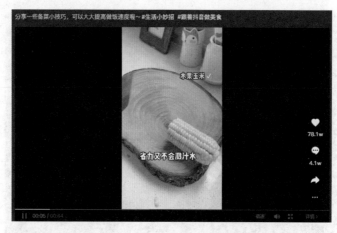

图 2-7　新颖、具体的生活类短视频标题示例

4．讲解方式有趣

两个生活技巧类的短视频，一个讲解比较枯燥，全程就是讲解这个技巧；而另一个短视频中讲解比较有趣，时不时说出一些金句引得用户哄堂大笑。这两个短视频，你觉得哪个会更容易吸引用户？毫无疑问是第二个。

一般来说，生活技巧类短视频如果仅仅是讲解技巧的话，是比较枯燥的，但是如果运营者能适当地添加一些夸张的手法、逗趣的语言的话，是很容易吸引用户的。

2.1.4 时尚美妆类

在女性用户中，时尚美妆一直都是深受热捧的一个话题。此外，该话题甚至还受到有些男性用户的青睐。一般来说，观看这类短视频的用户的目的便是为了让自己能够变得更加时尚、更加有魅力，因此选择这类选题时，运营者既需要向用户输出许多有用的技巧，还要紧跟时尚的潮流。

一千个读者就有一千个哈姆雷特，每个人对时尚都有着自己的理解，而且时尚领域是非常复杂的，因此运营者选择这类选题进行策划时，前期一定要做好调研，了解当季的流行元素以及一些常见的时尚品牌。

如果对时尚美妆类进行细分的话，还可以将其分为很多小类，如个人穿搭类、美妆类、美甲类等。个人穿搭类的短视频只需要将自己的穿搭经验分享出来便可以了，另外还要加上自己的身高体重，给用户一个参考，如图 2-8 所示。

图 2-8　个人穿搭类短视频

美妆类短视频也一直深受广大用户的喜爱，而且美妆类还可以进行细分，如美妆技巧类、测评类和仿妆类等。下面我们来了解这 3 种美妆类的短视频。

1．美妆技巧类

顾名思义，美妆技巧类选题短视频的主要内容就是向用户讲解化妆的一些技巧，如图2-9所示。这类短视频比较受化妆初学者和想要提高自己化妆水平的用户喜爱。运营者在制作这类短视频时，一定要清楚明晰地讲述出化妆的每个步骤，这样才能方便用户去学习。

图 2-9　美妆技巧类短视频

2．测评类

一般来说，肌肤分为敏感肌、油痘肌等多种类型，不同的产品针对的肌肤类型也不一样，而且化妆品一般价格都比较贵，如果买了一套，结果却不适合自己的肤质的话，便得不偿失。此外，有的化妆品、护肤品的质量很难在网上得到保障，因此测评类短视频便应运而生了。

测评类的短视频往往是通过运营者将相关的美妆产品进行使用和评测，然后给予用户一定的建议，用户再自行决定是否购买。图 2-10 所示为测评类短视频。

图 2-10　测评类短视频

3．仿妆类

很多明星或者电视剧中的演员都会有自己的一套妆容，而仿妆类短视频便是仿这些妆容。仿妆类短视频要求运营者能够了解自己被仿对象的妆容情况。一般来说，这种短视频如果制作成功，就能够给用户带来一种震撼的感觉，同时也能吸引到被仿对象的粉丝，而这些粉丝便是潜在的用户，可以利用一些运营技巧使之转化成为自己的粉丝。图 2-11 所示为仿妆类短视频，该短视频所仿的是一位明星的妆容。

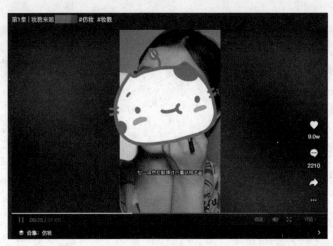

图 2-11　仿妆类短视频

2.1.5　科技数码类

这类选题的受众虽然女性比较少，但也是一个热门优质选题，主要有 3 个原因，如图 2-12 所示。

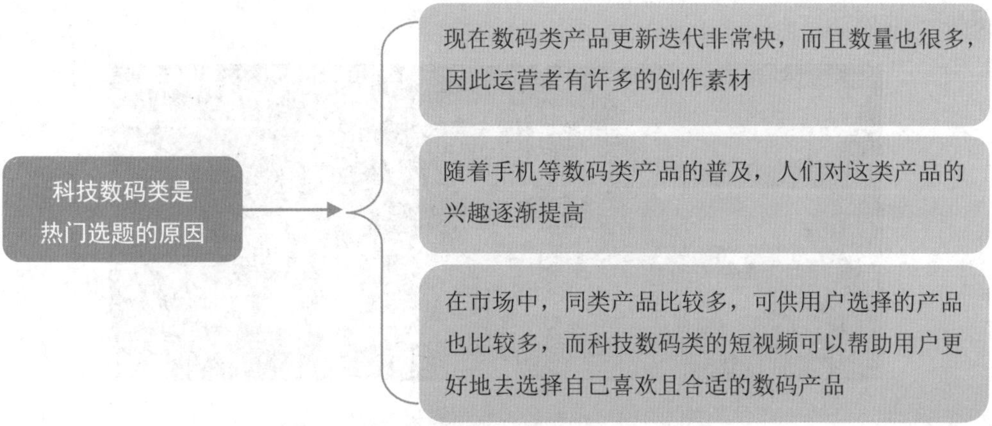

```
                          现在数码类产品更新迭代非常快，而且数量也很多，
                          因此运营者有许多的创作素材

科技数码类是              随着手机等数码类产品的普及，人们对这类产品的
热门选题的原因            兴趣逐渐提高

                          在市场中，同类产品比较多，可供用户选择的产品
                          也比较多，而科技数码类的短视频可以帮助用户更
                          好地去选择自己喜欢且合适的数码产品
```

图 2-12　科技数码类是热门选题的原因

值得注意的是，在策划这类短视频时，所传递的信息要真实有效，且是第一手信息，而且运营者最好将其与同类型的产品进行比较，这样才能让用户更清晰地了解到该产品的优缺点。例如，运营者在制作新手机介绍的短视频时，可以将其与同系列的上一款手机进行比较，说出新推出的手机新在什么地方，以及还存在着哪些不足。

另外，科技数码类短视频比较常见的便是推荐类视频，可以帮助用户精准排雷，如图 2-13 所示。

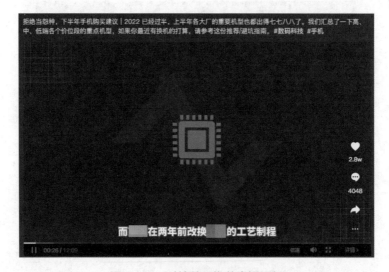

图 2-13　科技数码推荐类短视频

2.1.6　出游旅行类

出游旅行类短视频的用户可以分为 3 类，分别是浏览型、兴趣型和需求型，如图 2-14 所示。

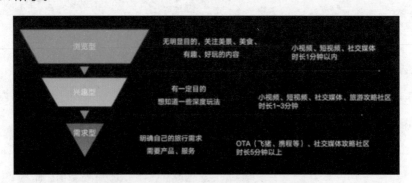

图 2-14　出游旅行类短视频的用户类型

出游旅游类的短视频还有很多个小的选题类型，如颜值大片、风光混剪、艺术念白、节奏感运镜、全视角拍摄、拍照教程展示、热门平台玩法、当地打卡、旅游攻略、旅行 vlog 等。下面我们便来了解一下这些小的选题情况。

（1）颜值大片。这种通常需要专业的团队和摄影设备，因为有了这些，才能保证拍出来的照片和视频是高清且令人震撼的。这些短视频通过将目的地的美丽风光、文物古迹等以照片、视频的形式保留下来，然后采用一定的剪辑技巧针对性地打造一场视觉盛宴，吸引用户的眼球，如图 2-15 所示。

图 2-15　颜值大片类短视频

（2）风光混剪。这类短视频主要是针对目的地独特的风光美景进行混剪，抓取让人眼前一亮的精彩瞬间，激发用户的好奇心，提高短视频的完播率和复播率。

（3）艺术念白。这种短视频主要是通过添加一些旁白来向用户讲述当地的景色以及人文底蕴，然后再加上旅游景点的美丽景色以及高契合度的音乐，打造情感层面的共鸣体验。

（4）节奏感运镜。这类主要是通过巧妙的卡点以及运镜来展示目的地的特色，让短视频极具艺术感、现场感、节奏感。

（5）全视角拍摄。全视角拍摄主要是运营者通过使用专业的拍摄手段，然后将当地的风景名胜、地势风貌等进行全视角的展示，增强其独特记忆点，也让用户能够全面地了解到当地的情况。

（6）拍照教程展示。这一类主要是为用户输出景点打卡照片的拍摄技巧。这种短视频既能为用户提供玩法便利，让用户不再苦恼自己不会拍照；也能激发用户去线下拍照的欲望，一举两得。图 2-16 所示为拍照教程展示类短视频。该短视频主要是展示海边旅游拍摄技巧，如果你旅行的目的地是海边的话，便可以使用该短视频中的相关技巧。

图 2-16　海边旅游拍摄技巧类短视频

（7）热门平台玩法。运营者还可以巧妙利用平台的一些玩法技巧，将热门玩法、经典配乐与旅游场景相结合，打造一个有趣、新颖的旅游出行类短视频。

（8）当地打卡。当地打卡还有多种形式，如美食探店、合集盘点、食材人文情怀探索等。图 2-17 所示为长沙景点打卡合集短视频。

图 2-17　长沙景点打卡合集短视频

（9）旅游攻略。旅游攻略是比较常见的，也是比较热门的一个选题，深受用户的喜爱。一般来说，人们在外出旅游之前，一般都会在网络上搜索各类旅游攻略，这一步是必不可少的。而且旅游攻略输出了高密度的信息，让用户能够轻松掌握旅游景点的信息，既能满足浏览型用户在家云旅游的心理需求，也能满足出行型用户的攻略信息需求。另外，旅游攻略型短视频还可以分为图文类短视频、未出镜讲解类短视频、个人出镜讲解类短视频。图 2-18 所示为图文类旅游攻略型短视频。

图 2-18　图文类旅游攻略型短视频

（10）旅行 vlog。这类短视频主要是通过运营者的视角来观察目的地的情况。这种方式能够给用户一种很强的代入感。

2.1.7　美食类

"民以食为天"，可想而知，美食对人类生活有多么重要，而且我国有着几千年的美食文化，全国各地的美食应有尽有，包括各种地方特色小吃等，因此这方面的素材取之不尽、用之不竭。一般来说，美食类短视频可以分为 4 类，分别是美食教程类、美食品尝类、美食传递类、娱乐美食类。

1．美食教程类

顾名思义，美食教程类短视频的主要内容便是教用户做饭，如图 2-19 所示。这类短视频比较受那些想要做饭的用户喜爱，并且因为视频画面赏心悦目，一些不打算做饭的用户也喜欢观看这类视频。

值得注意的是，美食教程类的视频还包括了减脂餐教程、家常菜教程、甜品教程、网红小吃等。另外，在录制视频时，可以适当地添加一些背景音乐和文字，以保证每个镜头都恰到好处，更能轻易地勾起用户的食欲，激起他们去尝试的欲望。

这类短视频运营者还可以在视频的结尾位置处询问大家想要学习的菜品，让大家在评论区中留言，这样既可以增加与用户的互动，也不会有缺乏素材的烦恼。

2．美食品尝类

美食品尝类短视频的主要内容是在视频中品尝美食，然后发表自己对这道美食的感受，用户根据运营者的表情动作及其品尝的感受来确定这道美食的好坏。一般来说，美食品尝类短视频主要包括以下两种类型。

图 2-19　美食教程类短视频

（1）美食测评类短视频。这类短视频主要是替用户品尝，然后说出自己的感受，帮助用户去发现、甄别、选择食物，如图 2-20 所示。

（2）吃播。这类短视频主要是通过夸张的肢体动作及表情来品尝美食，很容易激发用户的食欲，很多用户都喜欢在吃饭时观看这类短视频。

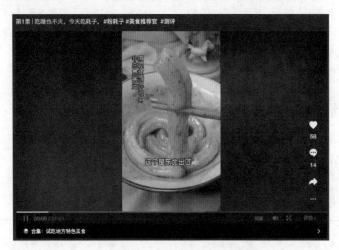

图 2-20　美食测评类短视频

3. 美食传递类

什么是美食传递类短视频呢？其指的是通过制作美食短视频来传达一种生活状态，如图 2-21 所示。当今社会，生活节奏加快，大家每天都会面对着各种各样来自各方面的压力，而美食传递类的短视频背景通常是乡村，这就给人一种慢节奏的感觉。在许多美食传递类的短视频中，运营者与周围邻居谈笑风生，还会叫上三三两两的朋友、亲戚或是邻居来品尝自己做好的美食，其乐融融。视频中没有令人烦恼的工作，没有来自各处的压力，给用户呈现出了一幅岁月静好的景象。

图 2-21　美食传递类短视频

可以说，美食传递类短视频中的美食已经不仅仅是一道简单的菜品了，而是忙碌的都市人所追求的一种生活状态。

4. 娱乐美食类

一般来说，一个视频中添加了搞笑、娱乐类的内容往往比其他短视频更受欢迎。同样地，如果在美食类短视频中添加一些搞笑类、娱乐类的内容也更容易吸引用户的关注。图 2-22 所示为娱乐美食类短视频。

图 2-22　娱乐美食类短视频

对用户来说，美食＋搞笑类的内容，既增添了视频的趣味性，也让用户学习到了相关的美食烹饪知识，一举两得。

2.2 选题的相关技巧

选题不是哪个热门、哪个受大家喜欢就直接选择，它需要一定的技巧。本节我们便来学习选题的相关技巧，帮助读者做好选题策划。

2.2.1 选题原则

运营者在做选题策划时，一定要把握 3 个基本原则，即要贴地、有价值、要匹配，具体内容如下。

1．要贴地

要贴地主要指的是选题要贴近用户，要以用户为导向，时刻关注用户的需求。只有满足用户的需求，解决他们的痛点、痒点，才能得到用户的认可，获得播放量，进而提高视频的完播率。

2．有价值

一个短视频没有价值，那么用户怎么可能会观看这个视频呢？这个价值不是说一定要你教授什么技能、提供什么技巧，哪怕你的视频能够引人发笑，能够让人"流连忘返"，这都是有价值的，比如一个舞者发布一段舞蹈视频，视频中曼妙的舞姿加上适当的配乐，给用户提供了一场视觉盛宴，因此这就是一个有价值的视频，如图 2-23 所示。

图 2-23　舞蹈视频

3．要匹配

什么是要匹配呢？其指的是所选的题目要与自己的账号定位相吻合。如果你的账号定位是口红测评，而你发的短视频是仿妆类短视频，这样的短视频既不会获得平台的推荐支持，也不能吸引到精准的用户。

用户在选题时，一定要与自己的账号定位相吻合，这样才能提升自己在专业领域的影响力，也才能吸引更精准的用户，还能提高用户的黏性。

2.2.2　选题维度

在进行选题策划时，除了要把握好以上三大基本原则，还要考虑 5 个维度，分别是频率、难易、差异、视角和行动成本，具体内容如图 2-24 所示。

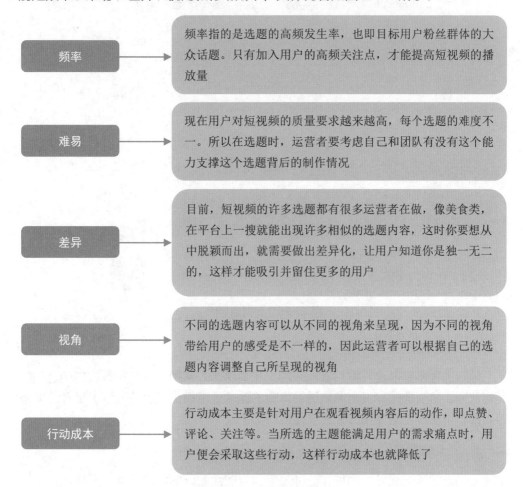

频率　频率指的是选题的高频发生率，也即目标用户粉丝群体的大众话题。只有加入用户的高频关注点，才能提高短视频的播放量

难易　现在用户对短视频的质量要求越来越高，每个选题的难度不一。所以在选题时，运营者要考虑自己和团队有没有这个能力支撑这个选题背后的制作情况

差异　目前，短视频的许多选题都有很多运营者在做，像美食类，在平台上一搜就能出现许多相似的选题内容，这时你要想从中脱颖而出，就需要做出差异化，让用户知道你是独一无二的，这样才能吸引并留住更多的用户

视角　不同的选题内容可以从不同的视角来呈现，因为不同的视角带给用户的感受是不一样的，因此运营者可以根据自己的选题内容调整自己所呈现的视角

行动成本　行动成本主要是针对用户在观看视频内容后的动作，即点赞、评论、关注等。当所选的主题能满足用户的需求痛点时，用户便会采取这些行动，这样行动成本也就降低了

图 2-24　选题的 5 个维度

2.2.3 建立选题库

为了能够持续地输出更多主题的短视频，建议运营者建立选题库。一般来说，选题库主要分为 3 种，即爆款选题库、常规选题库和活动选题库。

1．爆款选题库

一般来说，爆款选题可以关注各大平台的热门榜单，如抖音热榜、微博热搜等。图 2-25 所示为微博话题榜。这种热门榜单上的话题都是热门话题，如果运营者多选择这些内容进行创作的话，被吸引过来的用户一定不会少，而且越热门的话题越能吸引更多的用户。

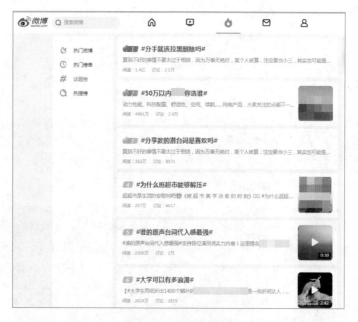

图 2-25 微博话题榜

2．常规选题库

常规选题库是通过日积月累而来的，主要是比较常规、不会出现大的问题和错误的选题。常规选题库没有爆款选题库中的选题更吸睛，但也是通过价值筛选而来的，或者是通过专业性和资源性来筛选的。

3．活动选题库

活动选题库一般分为两种，一种是节日类的活动选题，如中秋、国庆、端午等节日；而另一种是短视频平台中举办的各种活动，运营者可以根据自身的情况来选择是否参与平台中的活动。一般来说，平台举办的各种活动是会得到流量扶持和现金奖励的。

2.2.4　选题注意点

运营者在进行选题策划时，还需要注意 3 个方面，分别是远离敏感词汇、避免盲目蹭热点、标题描述合理，如图 2-26 所示。

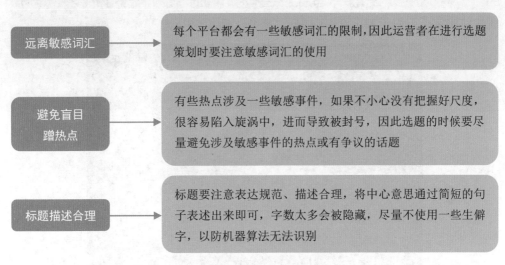

图 2-26　选题注意点

2.3　选题的实操方法

一个短视频，选题是核心。好的选题是打造爆款短视频的前提，那么我们应该怎么进行选题，才能让自己的选题更具新意呢？本节我们便来了解选题的实操方法。

2.3.1　选题场景化

在了解选题场景化之前，我们先来了解一下这里的场景是什么，其指的是在一个具体的情境中，大多数人都会有的相同的行为反应。一般来说，不管是什么类型的短视频，都是需要了解并满足用户的痛点和需求的，而用户的需求是现实生活中某个场景所需要的。

因此，选题场景化能够帮助运营者挖掘用户的需求痛点，以便在创作短视频时能够戳中用户的痛点，满足用户的需求。只有戳中用户的痛点，满足用户的需求，短视频才能引起用户的共鸣，从而吸引更多的用户来关注你的短视频，甚至能够裂变，达到变现的目的。

要想做好场景化选题，首先要了解这些场景，然后根据这些场景深入挖掘用户的需求，然后再进行视频策划。一般来说，场景可以分为以下 3 种类型。

1. 用户感兴趣的场景

选择用户感兴趣的场景才能吸引到更多的用户，这些场景可能有的用户并没有亲身经历过，但是也会吸引他们。

以宠物为例，有的运营者家里有猫、狗等宠物，他们会将猫或是狗的一些有趣的、温馨的场景展示给用户，再加上一些吸引用户的场景化标题，如图 2-27 所示，便会让用户不由自主地点开短视频。

图 2-27　场景化标题

也有些养宠物的用户会将视频中宠物的一些行为与自己家的宠物进行对比，看看有没有相似之处，而那些没有宠物但又喜欢宠物的用户，也会被吸引进来。

明确的选题，加上场景化的标题，会让用户不自觉地脑补画面，然后对短视频产生好奇心理，不由自主地点击观看该短视频。

2. 重现用户体验的场景

值得注意的是，用户感兴趣的场景是用户没有经历过的，而重现用户体验的场景指的是用户已经体验过，然后再在短视频中重现一遍的场景。因此，这类短视频需要运营者了解大部分用户经历过的真实场景。

由于环境、受教育程度等多方面的影响，每个人对待同一个问题往往也会有不同的想法。同样地，面对同一个场景时，每个人的反应也是不同的。因此，运营者可以盘点同一场景中，不同人的不同反应，相信这类视频也会吸引很多用户关注的。

图 2-28 所示为盘点家长辅导孩子作业的场景，不同的家长有着不同的反应。

3. 能够引起共鸣的隐晦场景

这类场景比较隐晦，出现的概率不大，但是能够引起用户的共鸣，如前任留下的东西怎么处理、和前任的极限拉扯等，如图 2-29 所示。

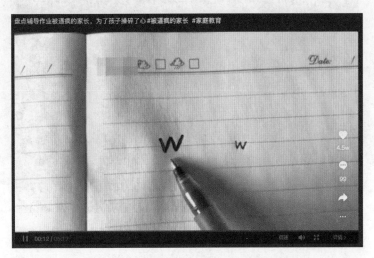

图 2-28　盘点家长辅导作业场景的短视频

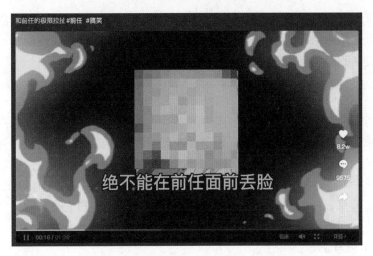

图 2-29　能够引起共鸣的隐晦场景的短视频

2.3.2　个性化选题

个性化的选题往往能使你的选题更具独特性、创新性。一般来说，每个人的喜好、需求都存在着一定的差异，因此我们可以根据不同的用户提供个性化的短视频。

图 2-30 所示为绿色系汉服混搭类图文短视频。该短视频便属于个性化选题，混搭、绿色两词指出了该视频的独特性，有些想要绿色系汉服混搭的用户便会关注这类短视频。

图 2-30　绿色系汉服混搭类图文短视频

2.3.3　多角度思考

多角度思考主要是要运营者在做选题策划时，不能仅仅只从一个角度去进行创作，这很难让用户持续关注。运营者可以尝试从不同的角度去创作视频，这样既可以区别于大众的视角，也能让自己的短视频更具创意。

2.3.4　与用户互动

如果想要你的短视频受到更多用户的关注，那么一定不能忽视与用户的互动，因为你制作短视频的目的就是为了让更多的用户喜欢、观看，甚至是关注你。而只有与用户互动了，让用户记住你，再加上你的短视频深受用户喜欢，他们才会持续关注你。

因此，运营者在做选题策划时，一定要选择有话题度的主题。因为有话题度的主题才能更好地与用户进行互动，只有互动了，你的视频流量才不会低，用户也会因此记住你，进而关注你。

第 3 章

短视频的内容构思

学前提示

　　做好短视频运营的关键在于内容，内容的好坏直接决定了账号的成功与否。用户之所以关注你、喜欢你，很大一部分原因就在于你的内容成功吸引到了他。本章主要介绍短视频的内容策划技巧，帮助大家打造更吸引用户的内容。

3.1 短视频常见内容构思

各大短视频平台中的短视频有很多，而且种类也非常丰富，运营者想要自己的短视频被更多人看到，只有让自己的短视频上热门。而要想让自己的视频上热门，最好是打造一个爆款内容。那么，怎么打造爆款内容呢？本节我们便来了解打造爆款内容的具体情况。

3.1.1 了解推荐算法

要想成为短视频领域的超级 IP，首先要想办法让自己的作品火起来，这是成为 IP 的一条捷径。如果运营者没有一夜爆火的好运气，则需要一步步脚踏实地地做好自己的短视频内容。当然，这其中也有很多运营技巧，能够帮助运营者提升短视频的关注度，而平台的推荐机制就是不容忽视的重要环节。

以抖音平台为例，运营者发布到该平台的短视频需要经过层层审核，才能被大众看到，其背后的主要算法逻辑分为 3 个部分，分别为智能分发、叠加推荐以及热度加权，具体内容如图 3-1 所示。

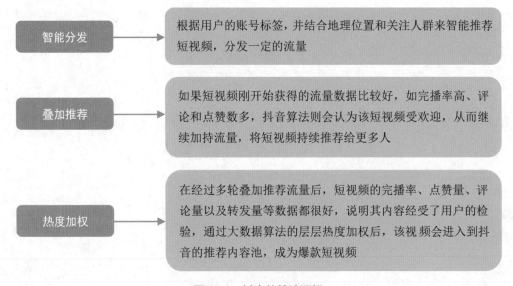

智能分发	根据用户的账号标签，并结合地理位置和关注人群来智能推荐短视频，分发一定的流量
叠加推荐	如果短视频刚开始获得的流量数据比较好，如完播率高、评论和点赞数多，抖音算法则会认为该短视频受欢迎，从而继续加持流量，将短视频持续推荐给更多人
热度加权	在经过多轮叠加推荐流量后，短视频的完播率、点赞量、评论量以及转发量等数据都很好，说明其内容经受了用户的检验，通过大数据算法的层层热度加权后，该视频会进入到抖音的推荐内容池，成为爆款短视频

图 3-1 抖音的算法逻辑

3.1.2 确定剧本方向

短视频平台上大部分的爆款短视频，都是经过运营者精心策划的，因此剧本策划也是成就爆款短视频的重要条件。短视频的剧本可以让剧情始终围绕主题，保证内容的方向不会产生偏差。

在策划短视频剧本时，运营者需要注意以下几个原则。

（1）选题有创意。短视频的选题尽量要独特且有创意，同时要建立自己的选题库和标准的工作流程，这不仅能够提高创作的效率，而且还可以刺激用户持续观看。例如，运营者可以多搜集一些热点加入到选题库中，然后结合这些热点来创作短视频。

（2）剧情有落差。短视频需要在短时间内将大量的信息清晰地叙述出来，因此内容通常都比较紧凑。尽管如此，运营者还是要脑洞大开，在剧情上安排一些高低落差，来吸引用户的眼球。

（3）内容有价值。不管是哪种内容，都要尽量给用户带来价值，让他们觉得值得为你付出时间成本。例如，做搞笑类的短视频，就需要能够给用户带来快乐；做美食类的短视频，就需要让用户产生食欲，或者让他们有实践的想法。

（4）情感有对比。短视频的剧情源于生活，运营者可以采用一些简单的拍摄手法来展现生活中的真情实感，同时加入一些情感的对比，这样更容易打动用户。

（5）时间有把控。运营者需要合理地安排短视频的时间节奏。以抖音为例，它的默认拍摄时长为 15 秒，这是因为这个时间段的短视频最受用户喜欢，而不足 7 秒的短视频不会得到系统推荐，超过 30 秒的短视频用户很难坚持看完。

策划剧本，就好比写一篇文章，要有主题思想、开头、中间以及结尾，而情节的设计就是丰富作文的组成部分，也可以看成是小说中的情节设置。一篇具有吸引力的小说必定少不了跌宕起伏的情节，短视频的剧本也是一样，因此在策划时要注意 3 点，如图 3-2 所示。

图 3-2　策划短视频剧本的注意事项

3.1.3　四大基本要求

前段时间，笔者写了一篇短视频快速引流吸粉的文章，文章下方留言的读者数不胜数，有读者说方法实用，有读者说逻辑明了，还有读者说内容不错的，但是也出现了一些不一样的声音，他们在竭力反驳笔者的观点。

令笔者印象深刻的是，某读者评论道："只有自拍形式的短视频才有上热门推荐的机会，官方不允许其他形式的短视频上传。"该评论下嘘声一片，甚至有评论指责该读者为"抖音菜鸟"。

笔者认真翻阅了读者评论之后没有勃然大怒，而是进行了深刻反思，究竟还有多少运营者没有深入了解短视频及其平台？笔者沉思良久，这样的运营者应该不在少数，快手和抖音只是搭建了一个平台，但是具体内容还是要靠运营者自己摸索。因此，笔者在这里将短视频平台目前播放量比较好的短视频作个总结，供大家参考，让大家少走弯路。

首先对于上热门，短视频平台官方都会提出一些基本要求，这是大家必须知道的，下面为大家介绍其具体的内容。

1. 个人原创内容

例如，抖音上的这个账号基本上发的内容都是与运营者自己家的四只宠物犬有关的个人原创内容，如图 3-3 所示。

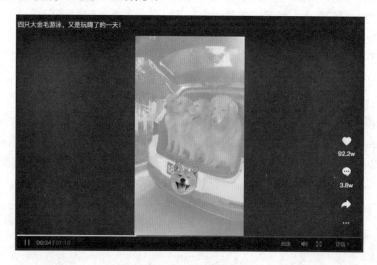

图 3-3　原创视频

短视频上热门的第一个要求就是，上传的内容必须是原创短视频。在笔者接触的短视频运营者中，某些人甚至不清楚自己该拍摄什么内容。其实，短视频内容的选择很简单，运营者可以从以下 4 个方面入手。

（1）用短视频记录生活中的趣事。

（2）学习短视频平台上的热门舞蹈，并在自己的短视频中展示出来。

（3）运营者可以在短视频中使用丰富的表情和肢体语言。

（4）用短视频的形式记录旅行过程中的美景或自己的感想。

另外，运营者也要学会换位思考，站在用户的角度思考问题。毕竟，站在用户的角度去思考，才能更加了解用户的想法，才能制作出用户更喜欢的短视频。当然，用户喜欢哪些类型的短视频，还需要运营者作画像分析。

例如，某个用户想要买车，那么他所关注的短视频大概是汽车测评、汽车质量鉴别和汽车购买指南之类；再例如，笔者某个朋友身材肥硕，一直被老婆催着减肥，他关注的一般都是减肥类账号。因此，用户关注的内容就是运营者的原创内容方向。

2．视频内容完整

一般来说，标准的短视频应该是 15 秒，当然也有超过一分钟的短视频。在如此短的时间内，运营者要保证内容完整度，相对来说是比较难的。在短视频平台上，内容完整的短视频才有机会上热门，如果运营者的短视频卡在一半就强行结束了，用户是很难喜欢此类短视频的。

3．没有产品水印

热门短视频上不能带有其他平台的水印，比如抖音平台，它甚至不推荐短视频运营者使用不属于抖音平台上的贴纸和特效。如果运营者发现自己的素材有水印，可以利用 PhotoShop、一键去除水印工具等去除。图 3-4 所示为一键去水印的微信小程序。

图 3-4　一键去水印的微信小程序

4．高质量的内容

在短视频平台上，质量才是核心，即使在"帅哥美女遍地走"的抖音上，我们也能发现内容远比颜值重要。只有短视频质量高，才能让用户有观看、点赞和评论的欲望，而颜值只不过是起锦上添花的作用而已。

运营者的短视频想要上热门，一是内容质量要高，二是短视频清晰度也要高。短视频引流是个漫长的过程，运营者要心平气和，耐心地拍摄高质量的短视频，积极地与粉丝互动，多学习热门的剪辑手法。笔者相信，只要有足够的付出，运营者一定可以拍摄出热门短视频。

3.1.4 六大拍摄题材

很多运营者在拍摄抖音、快手等短视频时，不知道该拍什么内容？不知道哪些内容容易上热门？笔者在下面给大家分享了六大爆款拍摄题材，即便你只是一个普通人，只要你的题材选对了，也可以快速蹿红。

1. 搞笑类短视频

运营者打开抖音或者快手，随便刷几个短视频，就会看到其中很多是搞笑类短视频。毕竟短视频是人们在闲暇时间用来放松或消遣的娱乐方式，因此平台也非常中意这种搞笑类的短视频内容，更愿意将这些内容推送给用户，从而增加用户对平台的好感，同时让平台变得更为活跃。

运营者在拍摄搞笑类短视频时，可以从以下几个方面入手来创作内容。

（1）搞笑剧情。运营者可以通过自行招募演员、策划剧本，来拍摄具有搞笑风格的短视频作品。这类短视频中的人物形体和动作通常都比较夸张，同时语言幽默搞笑，感染力非常强。

（2）创意剪辑。通过截取一些搞笑的影视短片镜头画面，并配上字幕和背景音乐，制作成创意搞笑的短视频。例如，由"搞笑 XX 君"发布的一个"憋笑挑战"系列短视频，主要通过剪辑某个电影中的搞笑画面或夸张的情节，配合动感十足的背景音乐，令人捧腹不止，吸引了 40 多万用户点赞，以及 3.3 万的评论量，甚至很多用户的精彩评论都吸引了其他人的点赞和讨论。

（3）犀利吐槽。对于语言表达能力比较强的运营者来说，可以直接用真人出镜的形式来上演脱口秀节目，吐槽一些接地气的热门话题或者各种趣事，加上非常夸张的造型、神态和表演，来给用户留下深刻印象。例如，抖音上很多剪辑《吐槽大会》的经典片段的短视频，其点赞量都能轻松达到几十万。

在抖音、快手等短视频平台上，运营者也可以自行拍摄各类原创幽默搞笑段子，成为变身搞笑达人，轻松获得大量用户关注。当然，这些搞笑段子的内容最好来源于生活，与大家的生活息息相关，或者就是发生在自己周围的事，这样会让人们产生亲切感，更容易代入短视频氛围之中，从而产生共鸣。

另外，搞笑类短视频的内容包涵面非常广，各种酸甜苦辣应有尽有，不容易让用户产生审美疲劳，这也是很多人喜欢搞笑段子的原因。

专家提醒

某些账号喜欢采用电视剧高清实景的方式来进行拍摄，通过夸张幽默的剧情内容和表演形式、不超过 1 分钟的时长、一两个情节以及笑点来展现普通人生活中的各种"囧事"。

2．舞蹈类短视频

除了比较简单的音乐类手势舞外，短视频平台上还存在一批专业的舞者，他们拍的都是专业的舞蹈类短视频，个人、团队、室内以及室外等类型的舞蹈应有尽有，同样讲究与音乐节奏的配合。例如，比较热门的有"嘟拉舞""panama舞""heartbeat舞""搓澡舞""seve舞步""BOOM舞""98K舞"以及"劳尬舞"等。舞蹈类玩法需要运营者具有一定的舞蹈基础，同时比较注重舞蹈的力量感。图3-5所示为seve舞步教学视频。

图3-5　seve舞步教学视频

拍摄舞蹈类短视频时，运营者最好使用高速快门，有条件的可以使用高速摄像机，这样能够清晰完整地记录舞者的所有动作细节，从而给用户带来更佳的视听体验。除了设备要求外，这种视频对于拍摄者本身的技术要求也比较高，拍摄时要跟随舞者的动作重心来不断运镜，调整画面的中心焦点，抓拍最精彩的舞蹈动作。下面笔者总结了一些拍摄舞蹈类短视频的相关技巧，如图3-6所示。

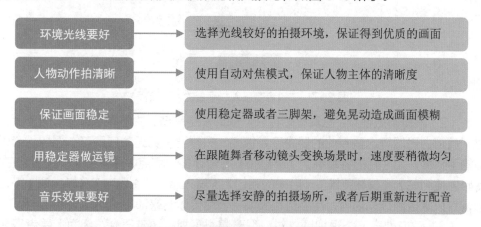

图3-6　拍摄舞蹈类短视频的相关技巧

专家提醒

　　如果运营者是用手机拍摄，则需要注意与舞者的距离不能太远。由于手机的分辨率不高，如果拍摄时距离舞者太远，那么舞者在镜头中就会显得很小，而且舞者的表情动作细节也得不到充分地展现。

3. 音乐类短视频

　　音乐类短视频玩法大致分为 3 种，分别是原创音乐类、歌舞类以及对口型表演类短视频。

　　（1）原创音乐类短视频：原创音乐需要运营者有专业技能，且具备一定的创作能力，例如能写歌、会翻唱或会改编等，这里笔者不作深入探讨。例如，抖音平台推出了"音乐人计划"，调动丰富资源与精准算法，为音乐人提供独一无二的支持。对于有音乐创作实力的运营者来说，可以入驻成为"抖音音乐人"，发布自己的音乐作品，如图 3-7 所示。

图 3-7　"抖音音乐人"平台的入驻流程

　　（2）歌舞类短视频：歌舞类短视频更偏向情绪表演，注重情绪与歌词的配合，对于舞蹈力量感等这些专业的要求不是很高，只需要有舞蹈功底即可。例如，音乐类的手势舞，如《我的将军啊》《小星星》《爱你多一点点》《体面》《我的天空》《心愿便利贴》《少林英雄》《后来的我们》《离人愁》《生僻字》《学猫叫》等，运营者只需按照歌词内容，用手势和表情将情绪传达出来即可，如图 3-8 所示。

　　（3）对口型表演类短视频：对口型表演类短视频更难把握，因为运营者既要考虑到情绪表达的准确性，又要考虑口型的吻合度。所以，在拍摄短视频时，运营者可以调慢背景音乐的播放速度，让自己可以更准确地进行对口型的表演。同时，运营者要注意表情和歌词要配合好，每个时间点出现什么歌词，运营者就要做什么样的口型动作。

图 3-8　手势舞短视频

4．情感类短视频

情感类短视频的制作相对来说比较简单，运营者只需将短视频素材剪辑好，再将情感类文字转录成语音配上去，就可以完成制作。另外，运营者也可以采用更专业的玩法——拍摄情感类剧情短视频，这样更具感染力。例如，"十点半浪漫商店"抖音号发布的第一个短视频，就是通过邀请抖音红人"七舅脑爷"担任主角，拍摄一个讲述一对情侣之间彼此相爱的情感故事，新颖的剧情加上抖音达人的影响力，让这个短视频的点赞量达到了 173.6 万，评论数量也达到了 2.9 万。

对于这种剧情类情感短视频说，以下两个条件必不可缺。

（1）优质的场景布置。

（2）专业的拍摄技能。

另外，情感类短视频的声音处理是极其重要的，运营者可以购买高级录音设备，聘请专业配音演员，从而让用户深入到情境之中，产生极强的共鸣感。

5．连续剧类短视频

连续剧类短视频有一个作用，即吸引用户持续关注自己的作品。下面介绍一些连续剧类短视频内容的拍摄技巧，如图 3-9 所示。

这种连续剧类比较常见于影视解说类视频中，通常运营者会分集介绍影片内容，并在短视频的结尾处设置一点悬念，吸引用户继续观看，如图 3-10 所示。

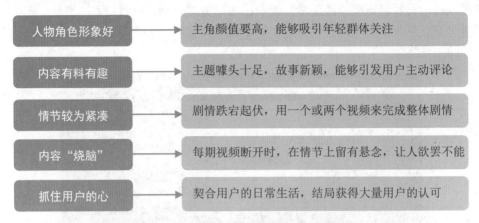

人物角色形象好	→	主角颜值要高，能够吸引年轻群体关注
内容有料有趣	→	主题噱头十足，故事新颖，能够引发用户主动评论
情节较为紧凑	→	剧情跌宕起伏，用一个或两个视频来完成整体剧情
内容"烧脑"	→	每期视频断开时，在情节上留有悬念，让人欲罢不能
抓住用户的心	→	契合用户的日常生活，结局获得大量用户的认可

图 3-9　连续剧类短视频内容的拍摄技巧

图 3-10　连续剧类短视频示例

另外，在连续剧类短视频的结尾处，可以加入一些剧情选项，来引导用户去评论区留言互动。笔者通过研究大量连续剧类爆款短视频，发现它们有两个相同的规律。

（1）高颜值视觉体验，抓住用户眼球。在策划连续剧类短视频时，用户需要对剧中的角色形象进行包装设计，通过服装、化妆、道具和场景等元素，给用户带来视觉上的冲击。

（2）设计反转的剧情，吸引用户关注。在短视频中可以运用一些比较经典的台词，同时多插入一些悬疑、转折和冲突情节，在内容上做到精益求精。

6. 正能量短视频

在网络上常常可以看到"正能量"这个词，它是指一种积极的、健康的、催人奋进的、感化人性的、给人力量的、充满希望的动力和情感，即社会生活中积极向上的一系列行为。

如今，短视频受到政府日益严格的监管，同时各大短视频平台也在积极引导用户拍摄具有"正能量"的内容。只有那些主题更正能量、品质更高的短视频内容，才能真正为用户带来价值，如图 3-11 所示。

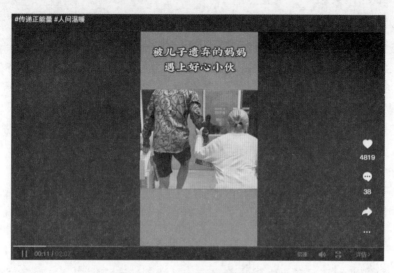

图 3-11　正能量类短视频示例

对于平台来说，这种正能量短视频也会给予更多的流量扶持，其中抖音"传递正能量"话题的播放量就达到了惊人的 4425.5 亿次，如图 3-12 所示。如环卫工人、公交车司机、外卖骑手和快递员等，这些社会职业都属于正能量角色，如果能拍摄给他们送温暖的视频，也能获得很大的传播量，受到更多人的欢迎。

图 3-12　抖音"传递正能量"话题

另外，运营者也可以用短视频分享一些身边的正能量事件，如乐于助人、救死扶伤、颁奖典礼、英雄事迹、为国争光的体育健儿、城市改造、爱情亲情、爱护环境、教师风采以及文明礼让等有关的事迹，引导和带动用户弘扬传播正能量。

3.1.5　模仿爆款内容

除了 Vlog 风格的内容外，如果运营者实在没有创作方向，也可以直接模仿爆款短视频内容。爆款短视频通常都是大众关注的热点事件，这样等于让你的作品在无形之中就产生了流量。

例如，某个运营者就模仿"涂口红的世界纪录保持者"的演说风格，在短视频中使用夸张的肢体语言和搞笑的台词，吸引了大量用户关注。短视频达人的作品都是经过大量用户检验过的，都是用户比较喜欢的内容、形式，跟拍模仿能够快速获得这部分人群的关注。

运营者还可以在抖音或快手平台上多看一些同领域的爆款短视频，研究他们的拍摄内容，然后进行跟拍。除此之外，运营者还可以模仿一些明星达人来吸引观众的眼球，如"林二岁"就是靠模仿明星唱歌而走红网络的。

另外，在模仿爆款短视频时，运营者还可以加入自己的创意，对剧情、台词、场景和道具等进行创新，带来新的"槽点"，让模仿拍摄的短视频比原视频更加火爆，这种情况屡见不鲜。

3.1.6　带货视频内容

短视频能够为产品带来大量的流量转化，让创作者获得盈利，很多短视频运营者最终都会走向带货卖货这条商业变现之路。下面将介绍用抖音带货的相关技巧，包括提升短视频流量和转化效果的干货内容。

1．带货视频

短视频带货的渠道很多，主要有商品橱窗、小店、商品外链等，如图 3-13 所示。

以抖音为例，要开通抖音小店，首先需要开通商品橱窗功能。用户可以在"商品橱窗"界面点击"开通小店"按钮，查看相关的入驻资料准备、资质要求和流程概要等内容，根据相关提示来入驻抖音小店，如图 3-14 所示。

2．开箱测评

在抖音或快手等短视频平台上，很多人仅用一个"神秘"包裹，就能轻松拍出一条爆款短视频，如图 3-15 所示。下面笔者总结了一些开箱测评类短视频的拍摄技巧，如图 3-16 所示。

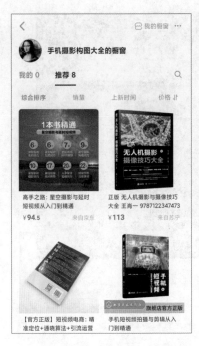

图 3-13　抖音商品橱窗

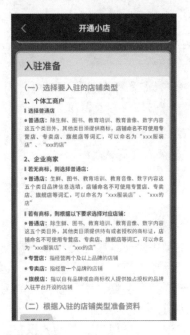

图 3-14　抖音小店的申请入口

图 3-15　开箱测评类短视频

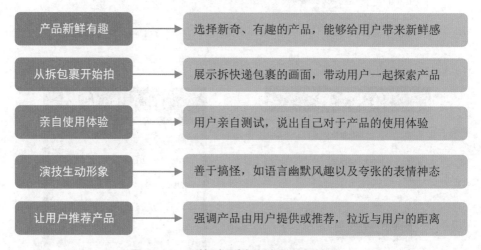

图 3-16　开箱测评类短视频的拍摄技巧

3. 让产品脱销

短视频平台无意中打造了很多爆款,带来的强大带货能力连运营者自己都猝不及防,产品莫名其妙就卖到脱销了。运营者究竟做好哪几步才能让自己的产品与抖音同款一样成为爆款,卖到脱销?笔者认为主要有以下 4 步。

1)打造专属场景互动

"打造专属场景互动"指的是在熟悉的场景利用社交媒体进行互动。例如,在吃海底捞火锅的时候,有网友曾自创网红吃法。

2）制造传播的社交货币

"制造传播的社交货币"是什么意思呢？很多产品爆火的背后，并不是因为它的实用价值，而是因为它具备社交属性。例如，曾经在网上卖到断货的小猪佩奇手表，它的爆火是因为这个手表比其他手表质量更好、更好用吗？不是。是因为短视频的传播特性容易让大量年轻人跟风，这些年轻人喜欢"个性、好玩"的事物，而且更看重对个性化趣味和美的追求。总的来说，小猪佩奇手表的走红，离不开短视频的热捧和传播。

所以，运营者在传播自己产品时，一定要有意识地打造属于产品的社交货币，让产品能够帮用户贴上更多无形的东西。

3）你的产品性价比要高

相信这点大家比较好理解，产品除了质量过硬，价格还要亲民，几乎所有的抖音爆款产品，价格都不会太高。这主要是因为再好的东西，消费者也会货比三家。如果产品价格比较低，性价比高，消费者自然会选择该产品。

以上 3 步就是让运营者产品卖到脱销的核心秘诀，如果运营者有自己的产品，不妨认真思考一下如何打造爆款产品；如果运营者没有产品，可以按照自己的账号定位逐一筛选产品。

3.2　短视频创意内容构思

有了基本要求、拍摄题材和内容风格后，我们还缺点什么呢？此时，你只要在短视频中加入一点点创意玩法，那你的作品就离火爆不远了。本节笔者为大家总结了一些短视频常用的热点创意玩法，帮助大家快速打造爆款短视频。

3.2.1　热梗演绎

短视频的灵感来源除了靠自身的创意想法外，运营者也可以多搜集一些网络热梗，这些热梗通常自带流量和话题属性，能够吸引大量用户的点赞。

运营者可以将短视频的点赞量、评论量、转发量作为筛选依据，找到并收藏抖音、快手等短视频平台上的热门视频，然后进行模仿、跟拍和创新，打造出属于自己的优质短视频作品。

同时，运营者也可以在自己的日常生活中寻找这种创意搞笑短视频的热梗，然后采用夸大化的创新方式将这些日常细节演绎出来。另外，在策划热梗内容时，运营者还需要注意以下事项。

（1）短视频的拍摄门槛低，运营者的发挥空间大。

（2）剧情内容有创意，能够牢牢紧扣用户的生活。

（3）多看网络大事件，不错过任何网络热点。

3.2.2 影视混剪

在西瓜视频和抖音等视频平台上，常常可以看到各种影视混剪的短视频作品，这种内容创作形式相对简单，只要会剪辑软件的基本操作即可完成。影视混剪短视频的主要内容形式为剪辑电影、电视剧或综艺节目中的主要剧情桥段，同时加上语速轻快、幽默诙谐的配音解说。

这种内容形式的主要难点在于运营者需要在短时间内将相关影视内容完整地讲述出来，这需要运营者具有极强的文案策划能力，能够对各种影视情节有一个大致的了解。影视混剪类短视频的制作技巧如图 3-17 所示。

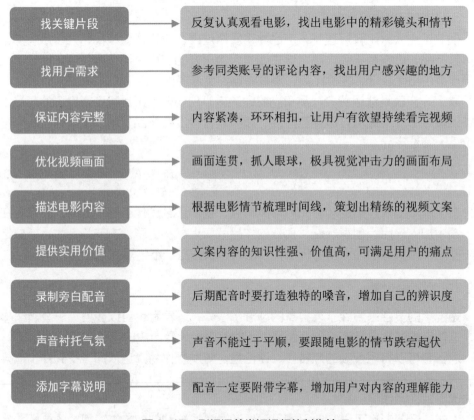

找关键片段	反复认真观看电影，找出电影中的精彩镜头和情节
找用户需求	参考同类账号的评论内容，找出用户感兴趣的地方
保证内容完整	内容紧凑，环环相扣，让用户有欲望持续看完视频
优化视频画面	画面连贯，抓人眼球，极具视觉冲击力的画面布局
描述电影内容	根据电影情节梳理时间线，策划出精练的视频文案
提供实用价值	文案内容的知识性强、价值高，可满足用户的痛点
录制旁白配音	后期配音时要打造独特的嗓音，增加自己的辨识度
声音衬托气氛	声音不能过于平顺，要跟随电影的情节跌宕起伏
添加字幕说明	配音一定要附带字幕，增加用户对内容的理解能力

图 3-17　影视混剪类短视频的制作技巧

当然，做影视混剪类的短视频内容，运营者还需要注意两个问题。首先，做混剪时要避免内容侵权，可以找一些不需要版权的素材，或者购买有版权的素材；其次，还要避免内容的重复度过高，可以采用一些消重技巧来实现，如抽帧、转场和添加贴纸等。

图 3-18 所示为影视混剪类短视频，该短视频主要是剪辑了一部情景喜剧中的武打特效。

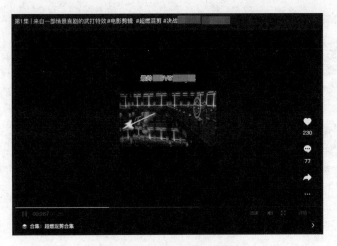

图 3-18　影视混剪类短视频

3.2.3　游戏录屏

游戏类短视频是一种非常火爆的内容形式，在制作这种类型的内容时，运营者必须掌握游戏录屏的操作方法。

大部分的智能手机都自带了录屏功能，快捷键通常为长按电源键 + 音量键开始，按电源键结束，大家可以尝试或者上网查询自己手机型号的录屏方法。打开游戏后，按下录屏快捷键即可开始录制画面。

对于没有录屏功能的手机来说，可以去手机应用商店中搜索下载一些录屏软件。另外，利用剪映 App 的"画中画"功能，也可以轻松合成游戏录屏界面和主播真人出镜的画面，从而制作出更加生动的游戏类短视频作品。

3.2.4　课程教学

在短视频时代，运营者可以非常方便地将自己掌握的知识录制成课程教学的短视频，然后通过短视频平台来传播并售卖给用户，从而帮助运营者获得不错的收益和知名度。

专家提醒

如果运营者要通过短视频开展在线教学服务的话，首先得在某一领域具有一定的实力和影响力，这样才能确保教给付费用户的东西是有价值的。另外，对于课程教学类短视频来说，操作部分相当重要，运营者可以根据点击量、阅读量和粉丝咨询量等数据，精心挑选一些热门、高频的实用案例。

下面笔者总结了一些创作知识技能类短视频的相关技巧，如图 3-19 所示。

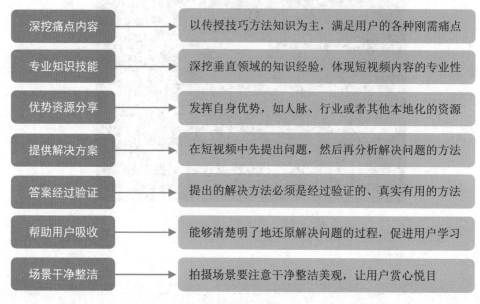

深挖痛点内容	→	以传授技巧方法知识为主，满足用户的各种刚需痛点
专业知识技能	→	深挖垂直领域的知识经验，体现短视频内容的专业性
优势资源分享	→	发挥自身优势，如人脉、行业或者其他本地化的资源
提供解决方案	→	在短视频中先提出问题，然后再分析解决问题的方法
答案经过验证	→	提出的解决方法必须是经过验证的、真实有用的方法
帮助用户吸收	→	能够清楚明了地还原解决问题的过程，促进用户学习
场景干净整洁	→	拍摄场景要注意干净整洁美观，让用户赏心悦目

图 3-19 创作知识技能类短视频的相关技巧

3.2.5 热门话题

在模仿跟拍爆款内容时，如果运营者一时找不到合适的爆款来模仿，此时添加热门话题就是一个不错的方法。在抖音的短视频信息流中可以看到，几乎所有的短视频中都添加了话题。

给视频添加话题，其实就等于给你的内容打上了标签，让平台快速了解这个内容是属于哪个标签。不过，运营者在添加话题时，一定要注意添加同领域的话题，这样才能蹭到这个话题的流量。

也就是说，话题可以帮助平台精准地定位运营者发布的短视频内容。通常情况下，一个短视频的话题为 3 个左右，具体应用规则如图 3-20 所示。

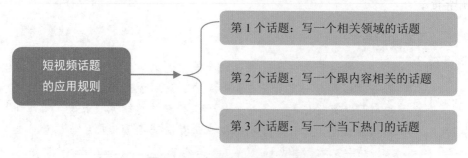

短视频话题 的应用规则	第 1 个话题：写一个相关领域的话题
	第 2 个话题：写一个跟内容相关的话题
	第 3 个话题：写一个当下热门的话题

图 3-20 短视频话题的应用规则

3.2.6 节日热点

各种节日向来都是营销的旺季，运营者在制作短视频时，也可以借助节日热点来进行内容创新，提升作品的曝光量。

运营者可以从拍摄场景、服装、角色造型等方面入手，在短视频中打造节日氛围，引起用户共鸣。在短视频中蹭节日热度的相关技巧如图 3-21 所示。

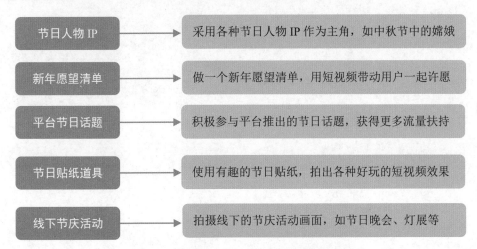

节日人物 IP	采用各种节日人物 IP 作为主角，如中秋节中的嫦娥
新年愿望清单	做一个新年愿望清单，用短视频带动用户一起许愿
平台节日话题	积极参与平台推出的节日话题，获得更多流量扶持
节日贴纸道具	使用有趣的节日贴纸，拍出各种好玩的短视频效果
线下节庆活动	拍摄线下的节庆活动画面，如节日晚会、灯展等

图 3-21 在短视频中蹭节日热度的相关技巧

例如，在抖音 App 中上就有很多与节日相关的贴纸和道具，而且这些贴纸和道具是实时更新的，运营者在做短视频的时候不妨试一试，说不定能够为你的作品带来更多人气，如图 3-22 所示。

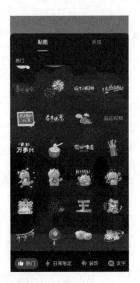

图 3-22 抖音中与节日相关的贴纸

脚本编写篇

第 4 章
专业短视频脚本写作

学前
提示

　　一个爆款短视频能够顺利拍摄，脚本发挥着重要的作用。脚本的确定会让制作团队在拍摄以及后期制作时得心应手。可以说，一个好的脚本，能让整个短视频制作如虎添翼。本章我们便来了解一下短视频脚本的写作技巧。

4.1 脚本基础入门

在一些人眼中，短视频比电视剧还好看，主要是短视频剧情非常精简，没有比较"水"的剧情，再配上一些非常巧妙、精彩的 BGM（Background Music，背景音乐），便能让用户"流连忘返"。

什么是脚本呢？其指的是表演戏剧、拍摄电影等所依据的底本，其主要内容包括故事发生的时间、地点、任务，画面中出现了什么，要怎么运镜、什么时候用什么类型的景别。

而这些短视频之所以如此精彩，吸引众多用户，大部分的原因是因为脚本。脚本是整个短视频内容的大纲，对于剧情的发展与走向起着决定性的作用。因此，用户需要写好短视频的脚本，让短视频的内容更加优质，这样才有更多机会上热门。

4.1.1 脚本的作用

与常规的影视剧脚本不同，短视频的脚本形式多样，且内容十分广泛，因此短视频通常都是由拍摄提纲和分镜头脚本构成，如图 4-1 所示。而影视剧脚本最开始是要创作故事的梗概和分场大纲，然后再将其细分成分镜头脚本。

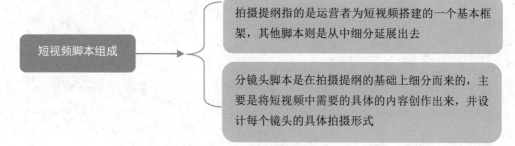

图 4-1 短视频脚本组成

对一个短视频制作团队来说，在前期创作出一个完善的脚本，能够使得拍摄流程标准化，也能集思广益，得到最优的创意点，使得短视频中的槽点、互动点、转化点效果最大化。一般来说，短视频脚本主要有两大作用，具体内容如下。

1. 提高视频拍摄效率

短视频脚本主要是短视频的拍摄提纲、框架。运营者有了提纲和框架，便等于给后续的拍摄、剪辑、制作等操作提供了一个流程图。运营者只要按照短视频脚本上面的内容进行拍摄、剪辑便可以，当演员、导演在进行拍摄时，如果有了新的创意，还可以直接添加。

并且，脚本在前期创作时，集合了大家的意见，因此在拍摄时不会出现太多意见不合导致耽误拍摄进度的情况。

2．提高视频拍摄质量

脚本的制作，能够让运营者有充足的时间去准备拍摄需要的道具，包括景别、场景的布置、台词的设计等，这样便能有效地提升视频拍摄的质量。

4.1.2 脚本的三大类型

常见的短视频脚本主要包括三大类型，分别是拍摄提纲、文学脚本和分镜头脚本，如图4-2所示。三大类型的短视频脚本有着不同的适用场景，如图4-3所示。运营者可以根据自己短视频的内容自行选择适合自己的脚本类型。

图4-2 常见的短视频脚本类型

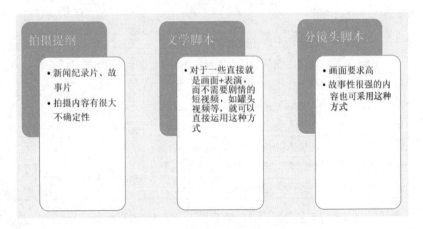

图4-3 3种短视频脚本类型的适用场景

值得注意的是，有两种情况下最好写拍摄提纲的，一种是短视频的时间很短，而且分镜头比较少，这种视频比较容易拍摄，因此不太需要分镜头，有一个拍摄提纲便可以了；另一种是无法精准预测并掌握镜头中的内容时，此时运营者便需要拟写一个拍摄提纲。

针对拍摄提纲的写作，一般来说，主要包括5个方面，分别是阐述选题，阐述视角，阐述作品体裁形式，阐述作品风格、画面、杰作以及阐述拍摄的内容层次。表4-1所示为拍摄提纲示例。

表4-1 拍摄提纲示例

短视频标题：给我这样的老师，我保证不打瞌睡了

序 号	采访提问	画 面
1	能给我们分享一下你之前是学什么的吗？是什么样的契机让你接触书法的呢	拍摄主角专心写毛笔字的画面；字的特写
2	在众多行业中，你选择在书法启蒙教育行业进行创业的原因是什么呢	拍摄主角走在公司的书法展示长廊上；一幅幅书法的特写
3	你觉得创业最需要具备的素质是什么？对您来说，书法有什么特殊的含义吗	拍摄主角穿过教室；旁边孩子们开心练字的笑脸

全片高潮点设置：致力于艺术启蒙，选择创业这条比较艰难的道路，崇尚书法教育要尊重每个人的个性（从讲述创业转入自我剖析对艺术教育的理解）

4.1.3 撰写内容示例

一个简单的短视频脚本通常包括镜号、景别、运镜、画面、设备和备注等元素，如表4-2所示。

表4-2 一个简单的短视频脚本模板

镜号	景别	运 镜	画 面	设 备	备 注
1	远景	固定镜头	在天桥上俯拍城市中的车流	手机广角镜头	延时摄影
2	全景	跟随运镜	拍摄主角从天桥上走过的画面	手持稳定器	慢镜头
3	近景	上升运镜	从人物手部拍到头部	手持拍摄	
4	特写	固定镜头	人物脸上露出开心的表情	三脚架	
5	中景	跟随运镜	拍摄人物走下天桥楼梯的画面	手持稳定器	
6	全景	固定镜头	拍摄人物与朋友见面问候的场景	三脚架	
7	近景	固定镜头	拍摄两人手牵手的温馨画面	三脚架	后期背景虚化
8	远景	固定镜头	拍摄两人走向街道远处的画面	三脚架	欢快的背景音乐

一个完善的脚本写作主要包括10个方面，分别是脚本大纲与标题、分镜头拍摄、镜号、拍摄地点、景别、构图角度、画面内容、文案解说、字幕、音乐/音效/时长。

1）定脚本大纲与标题

明确短视频的标题，也即明确了这个短视频的中心内容。这是非常重要的一步，后面所有的工作都是围绕这个中心内容开始的，而且作一个大体的规划、构思，能够减少拍摄时间的浪费。表4-3所示为一个短视频脚本的万能模板，运营者第一

次开始拍摄短视频时便可以使用这个模板。

表 4-3　一个短视频脚本的万能模板

镜号	拍摄地点	时间	景别	拍摄方法	拍摄重点	画面内容	文案解说	字幕	音乐	时长	音效

2）分镜头拍摄

确定好脚本大纲之后，便开始撰写分镜头脚本。分镜头脚本主要是将某个场景中的所有镜头，按照剧情发展的顺序填写在表格中。分镜头脚本能够使运营者在拍摄时避免拍摄重复的镜头，也有利于后期剪辑师能够快速找到素材。表 4-4 所示为分镜头脚本写作技巧。

表 4-4　分镜头脚本写作技巧

脚本细节	具体内容
信息	有用的资讯、有价值的知识、有用的技巧
观点	观点评论、人生哲理、科学真知
共鸣	价值共鸣、观念共鸣、审美共鸣
冲突	常识认知冲突、剧情反转冲突
欲望	收藏欲、分享欲、爱情欲
好奇	为什么、是什么、怎么做、在哪里
幻想	爱情幻想、生活憧憬
感官	听觉刺激、视觉刺激

3）镜号

镜号主要是对镜头进行编号，这样可以方便团队进行拍摄，不容易遗漏镜头。通常一个序号代表一个镜头。像影视剧拍摄中一般都会用的场记板，它上面便会写明拍摄的镜号，如图 4-4 所示。

4）拍摄地点

有的短视频不止一个拍摄地点，像短剧类的短视频，拍摄地点可能有好几个，而像测评类、美食类的短视频，一般就只有一个拍摄地点。运营者只需将拍摄地点写出来就行。

5）景别

什么是景别呢？景一般指的是短视频中出现的主体形象，像人物、景物等，而景别则指的是摄影机与主体之间的空间距离。按照摄影机与被摄对象的距离由远到近可以分为以下几种，如图 4-5 所示。

图4-4 场记板

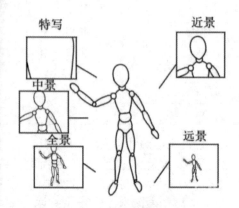

图4-5 景别类型

（1）远景。远景指的是摄影机与主体之间的距离非常远，这种景别能够充分展示主体以及周围环境，还能交代空间环境，有一定的抒情作用，如图4-6所示。

图4-6 远景示例

（2）全景。全景主要是表现人物全身形象或某一具体场景全貌的画面，强调的是物与物之间、人与环境之间的关系。全景能够客观地展示出主体的全貌，还能营造出一种客观的画面效果，如图4-7所示。另外，全景还有着以下几种优势，如图4-8所示。

（3）中景。中景主要是提取人物膝盖以上部分或场景局部的画面，因此也可以称为"七分像"。这种景别是影视剧中常用的镜头，有利于表现人物的动作、姿态和手势，也有利于情节的交流。

图 4-7　全景示例

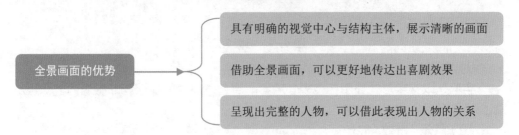

图 4-8　全景画面的优势

（4）近景。近景一般是表现人物胸部以上部分或物体局部的画面，注重表现主角的神态或是事物的色彩、质地、纹理等。

（5）特写。特写主要是表现人物肩部以上的头像或某些被摄对象细部的画面。能够展现人物丰富的细节表情变化，因此其经常被用来详细刻画人物的性格，表现人物的心理情绪。

值得注意的是，景别不能随意使用，因为其决定了影片的风格。例如，在一些追求生活化的电影中，通常会使用全景、远景等景别来减弱戏剧化倾向，把观众带入那种安静宁和的情境中。而戏剧化比较强的电影，则会多使用近景、特写等景别来突出戏剧化，短视频也是一样。

6）构图角度

构图角度主要指的是拍摄的方位，一般来说，其主要包括以下 8 种，如图 4-9 所示。

7）画面内容

我们在进行脚本构思的时候，最好将每个需要拍摄的画面都能够详细地记录下来，或者在脑海中顺一遍，这样才能保证拍摄时条理清晰，逻辑明确。

8）文案解说

一般来说，文案解说也即人物的台词，例如剧情类短视频中每个角色的台词，影视解说类短视频中运营者讲述出来的解说文案。

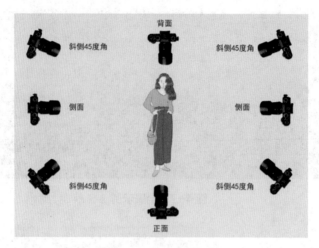

图 4-9　构图角度

9）字幕

字幕是以文字形式显示在电视、电影、舞台作品中的对话等非影像内容；也泛指影视作品后期加工的文字。

10）音乐 / 音效 / 时长

音乐、音效、时长可以提前想好，这样能够减少后期选择的时间，但是由于拍摄的不确定性，最好还是等视频拍摄完成后来选择。

4.1.4　撰写脚本的三大定律

运营者在撰写脚本的时候，一定要注意三大定律，分别是黄金 3 秒定律、台词标签定律、"钩子"定律。

1．黄金 3 秒定律

如今短视频平台中充斥着各种各样的短视频，因此可供用户选择观看的短视频很多，再加上短视频的时间非常短，如果不能在 3 秒的时间内引起用户的兴趣和好奇的话，那么这个短视频只能面临着被划走的命运了。

对短视频来说，3 秒是一个非常重要的时间刻度，因此在写脚本时，一定要把握好黄金 3 秒定律，做好短视频开头 3 秒的脚本。

2．台词标签定律

在进行文案解说脚本撰写时，要注意台词尽量口语化，不要出现太专业、太复杂的词汇以及生僻字，可以多使用一些短句，便于用户理解。

另外，可以在短视频中加入一些口头禅，这样便可以让用户轻易地记住你，加深用户对内容的记忆。图 4-10 所示为掌握了台词标签定律的短视频。该账号的每个短视频在开头位置处都会有一段重复经典的对话，加深了用户的印象，因此用户还在评论区调侃下集的开头预告。

图 4-10 掌握了台词标签定律的短视频

3. "钩子"定律

"钩子"定律主要是为了能够让用户停留。一个优秀的短视频，必定会在脚本中埋下"钩子"。当运营者的短视频通过黄金 3 秒定律留住用户后，便要考虑如何让用户长久停留了。

运营者有意识地埋下"钩子"，能够提高短视频的完播率。一般来说，像反转、悬念、彩蛋等都可以称之为短视频脚本中的"钩子"。

4.2 脚本的三重转换

有些运营者之所以发布短视频，是为了表现自己，而有些运营者发布短视频则是为了能够变现，赚取利润。不过，很多运营者明明看过大量的爆款短视频，写了许多传统意义上的好脚本，但就是无法转化。那么，要怎么写出一个能够引起用户共鸣的脚本，并达到变现的目的呢？本节我们便来为大家介绍相关的技巧。

4.2.1 对话方式转化

首先，我们可以转换对话方式，即将公共化的对话方式转换成为私人化的对话方式。毕竟，有针对性的话语更能令人印象深刻。

一般来说，短视频的目标用户不会只有一个人，而是一群人，但是短视频的对话语境可以私人化一些，有针对性一些。因为有针对性的话语，更能够吸引用户的注意，也更能增强他们对短视频的记忆。而且，如果一句话对每个人都说的时候，这句话在一定程度上便会成为一句废话。

那么，怎么进行对话方式转变呢？下面我们以某个精华化妆品为例，为大家介绍转变的基本步骤。

1）梳理卖点

在我们拿到了短视频的脚本之后，我们首先要梳理好产品的卖点，然后利用逆向反推的方法推算出用户需求的痛点。例如，该精华的卖点为含有 4% 烟酰胺、二裂酵母、喜马拉雅红球藻 3 种重要成分，能够很好地解决熬夜带来的肌肤问题。

那么，根据逆向反推的方法，便可以得出需要这个化妆品的可能是经常熬夜的用户，这类用户因为熬夜，导致皮肤出现了暗沉、发黄等症状，影响着自己的外部形象和社交活动。

2）列出用户属性

梳理好了产品卖点，便找到了用户的需求、痛点，那么接下来便需要列出用户的属性了。一般来说，使用这款化妆品的用户可能是 18 ~ 28 岁的女性，可能是学生、上班族、宝妈等。

3）打造对话环境

最后一步是打造私人化的对话环境。大多数人对于那些与自己没有关系的事情是没有兴趣的，因此私人化的对话环境能够很好地吸引用户。而我们要想在黄金 3 秒内快速地吸引用户，则需要找一个与用户关联度较高的点，然后假设一个真实、具体的用户进行对话。

值得注意的是，私人化对话是出现在脚本中的，而且其不仅仅包括了台词，还包括了画面语言的私人化沟通。在短视频中，打破屏幕的限制，使用主观镜头与用户进行一对一或者多对一的沟通，能够很好地提升沟通的效率。

4.2.2 对话语境转化

有的短视频运营者喜欢使用过长的语句和专业性强的词汇，但是这些语句和词汇的使用存在着许多的弊端，如读起来不顺畅、增加用户的阅读理解的成本等。因此，运营者在撰写短视频脚本时，不要过多使用专业性强、复杂的词汇。如果被要求使用一些专业词汇的话，运营者可以在视频中简单地写明或者说明这个专业词汇的具体含义。

例如，化妆品中可能会添加玻色因这一成分，但是有很多的用户根本就不了解这个成分是什么、有什么作用。那么，我们怎么对其进行解释说明呢？一般来说，我们只要将其作用、价值说出来就可以了，如"玻色因是保湿抗衰的成分，很多大牌明星都在用！"

短视频的脚本还包括了画面描述的部分。一般在文学作品中，形容词的使用能够让文章更加地生动形象且饱满，但是在短视频脚本中，在描述画面的时候尽量不要使用形容词，因为在短视频脚本中，用动词能够更直观地构建一个画面，也更有利于导演对脚本的理解，精准地掌握脚本中的含义。

4.2.3　产品价值转化

在任何短视频中，转化是非常重要的，因此在脚本中，引导用户转化也是非常重要的一部分。在大多数的产品短视频中，很多运营者都会在介绍了产品的基本信息以及卖点后，便开始催用户下单。虽然说这种方式有一定的效果，但是不够出彩。

一个有价值的东西用户才会去买，因此运营者可以尝试做好价值转化，学会管理用户的"心理账户"。当你做好了价值转化，管理好了用户的"心理账户"，说不定会有意想不到的收获。

"心理账户"是营销学中的一个概念。一般来说，贵与便宜是相对的概念，两者之间是可以相互转换的。而运营者要想提高销量，就需要管理好用户的"心理账户"，让他们觉得自己买的东西是值得的，错过了就没有了，这样哪怕是贵的东西他们也会觉得划算。

4.3　脚本的设计思路

各大短视频平台中有着各种类型的短视频，但这些短视频脚本的写作基本上差异不大，都有着一套固定的逻辑。而要看一个视频是否受欢迎，主要还是看脚本的设计是否有新意、是否独特。本节我们便来了解一下短视频脚本的设计思路。

4.3.1　口播类短视频

什么是口播类短视频呢？其指的是运营者对着镜头讲话，而讲的内容大多是知识分享、观点见解、产品测评等，如图 4-11 所示。

这种短视频拍摄方式非常简单，只需要将手机固定到一个位置便可以了，而且也不需要运镜技巧以及景别的变化。这种拍摄一般采用的是中景或是近景拍摄，尤其是测评类，为了更好地让大家看清楚产品的情况，一般都会离镜头近一点。而且，中景和近景也更容易让用户看到运营者的神态、表情以及一些肢体动作等。

大多数的口播类短视频主要内容是"讲干货"，而且由于短视频的时间比较短，因此运营者往往不需要铺垫太多，或延展太多，直接在短时间内将自己需要表达的信息都表达出来便可以了。因此，对于这种短视频，在写脚本时，可以按照"提出问题＋解决问题＋结果展示"的逻辑来进行撰写。

图 4-12 所示为采用"提出问题＋解决问题＋结果展示"的逻辑脚本拍摄的短视频示例。在这个短视频中，先是说出小伙伴们的问题，然后再展示具体的步骤来

教大家解决这个问题，最后展示通过这个方法得出的结果。

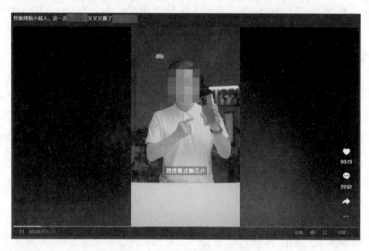

图 4-11　口播类短视频示例

图 4-12　采用"提出问题＋解决问题＋结果展示"的逻辑脚本拍摄的短视频示例

　　其他类型的短视频也可以用同样的方法，如穿搭类。提出问题：秋天怎么穿又显瘦又好看；解决问题：分享 5 种显瘦秋季穿搭；结果展示：展示自己的穿搭效果。

4.3.2 带货类短视频

带货短视频主要是为了增加产品的曝光量以及带动产品的销量，因此带货短视频最主要的目的就是激发用户的购买欲望。那么，怎么在短时间内激发用户的购买欲望呢？

最重要的便是突出亮点，只有亮点才能打动用户的心，如果两个产品都平平无奇的话，那么用户想买的欲望也就降低了。例如手机的亮点可以是续航能力强、处理器强、性能高、手机像素高等。如果有的人正好看中了其中一个亮点，便会增加他们购买的欲望。

此外，还有一种方式可以增加用户的购买欲望，那便是让产品融入场景。如果将产品融入场景，而用户正好看到了这个场景，便会考虑这个场景与自己的联系，然后考虑要不要购买该产品。

结合以上两种方式，这类视频的脚本可以按照"代入思路＋产品亮点＋解决问题"的思路来写。图 4-13 所示便是采用以上思路拍摄的短视频。

图 4-13　采用"代入思路＋产品亮点＋解决问题"的逻辑脚本拍摄的短视频示例

4.3.3 心灵鸡汤类短视频

其实，心灵鸡汤类的短视频也一直是非常受大家欢迎的，尤其是现在大家的压力都很大，一些能够引起用户共鸣的短视频都能够让用户停下来观看。心灵鸡汤类包括励志类、心情语录类、名人名言类等。图 4-14 所示为心灵鸡汤类短视频。

心灵鸡汤类短视频最重要的便是"金句"，因为它能够引起用户的情感共鸣。当然，还需要是易于理解的，如果是比较晦涩的道理，一般用户便没有耐心去了解其背后的深意。毕竟用户看短视频主要就是因为这些视频时长短，能在短时间内了解一个深奥的道理。

图4-14 心灵鸡汤类短视频

一般来说，心灵鸡汤类短视频的创作思路一般是引用大量"金句"。但是，还有一种剧情类的心灵鸡汤短视频，这种短视频的创作思路一般是"故事情境＋心路历程＋金句"。

图4-15所示为按照"故事情境＋心路历程＋金句"的创作思路创作的短视频。在该视频中，先是故事情境：年轻人的第一笔工资该怎么花；然后便是展示自己的心路历程，即运营者当年创办公司发第一笔工资时的情况；最后是金句，即无论是干什么，最重要的是能够开开心心地去做。

图4-15 按照"故事情境＋心路历程＋金句"的创作思路创作的短视频

一般来说，制作这种短视频时，最好先写好文案，然后再根据文案去拍摄视频素材。如果先拍摄的话，则会导致视频内容不流畅。

4.3.4　剧情段子类短视频

剧情段子类在现在各大短视频中都比较热门，而且未来这种短视频类型也会一直流行，主要是因为这种短视频有剧情，还有一定的表演成分，而且剧情一般都是用户所喜爱的。人们都喜欢看故事，尤其是这种短的但是内容非常丰富的故事。

这种剧情段子类短视频的脚本是最难的，要求也是最高的。不光是脚本的撰写，前期的拍摄、后期的剪辑等要求也都比较高，所以一般来说，一个人去制作一个剧情类短视频是非常困难的。

一般来说，剧情段子类的短视频全程不能一成不变、平淡如水，而是需要各种跌宕起伏的变化。图 4-16 所示的短视频中，开头是男女主角穿婚纱的场景，原以为是两个相爱的人即将要步入婚姻的殿堂。但是，接下来，女主角说了一句"怎么样，后悔没娶我吧"，一句话便说明了并不是两个人要结婚，而后在视频中便慢慢展现了两个人交往之间的矛盾。

图 4-16　剧情类短视频

该短视频通过一个转折的方式，吸引用户去了解为什么他们没有结婚，然后通过倒叙的手法为大家揭晓这个秘密，吸引了大量用户观看，而这种剧情类短视频也能够引起一部分用户的共鸣。

剧情段子类短视频通常撰写脚本的逻辑为"故事情境代入＋剧情反转"。一般来说，最好在故事的结束位置处，设置一个转折点，反转剧情，让用户"猜中开头，却没有猜中结尾"。

　　值得注意的是，剧情的反转点都是一个笑点或泪点，而设置这个转折点的原因也是为了能够引发用户情感上的反应，引起大家情感上的共鸣。短视频的时间都比较短，因此在整个视频中，可以出现 1 ~ 2 次的转折点。

第 5 章

爆款短视频文案的撰写技巧

学前
提示

　　一个优质的文案，能够快速吸引用户的注意力，从而让发布它的短视频账号快速增加大量粉丝。那么，如何才能写好文案，打造用户感兴趣的内容，做到吸睛、增粉两不误呢？本章笔者就来给大家支一些招。

5.1 文案撰写技巧

一个好的短视频除了要有有价值的视频内容之外，还需要撰写优秀的文案，这样才能吸引更多的用户。一般来说，爆款文案通常包括十大分类，如图 5-1 所示。本节我们便来了解一下文案撰写的相关技巧。

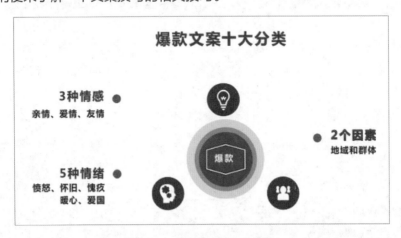

图 5-1　爆款文案十大分类

5.1.1　文案技法

用技法来撰写文案就好比找到一条上山的捷径，能够帮助你快速到达目的地，即写下受欢迎的文案。因此，运营者在写文案的时候，最好要把握一定的技巧，运用一定的技法。下面我们便来介绍常见的文案技法，如图 5-2 所示。

5.1.2　常见文案写作

短视频平台都有着两大核心属性，分别是娱乐性和去中心化的机器算法，如图 5-3 所示。

值得注意的是，在撰写文案时，还要注意短视频的核心属性以及流量分发机制，这样才能撰写出爆款文案。抖音的流量分发机制如图 5-4 所示。

在了解了平台的核心属性以及流量分发机制后，我们再来看一下常见的文案写作方法。

1. 上干货

短视频本来就只有短短几分钟，如果你说的废话太多，有价值的内容便会所剩无几，而这样的视频是不会受到用户关注的。在传统的自媒体时代中，一般用户都会用 7 秒左右的时间来判断这个内容是否有价值，是否值得再继续观看，而短视频花费的时间则更少，通常只需要 3 秒左右。因此，你不能讲述太多的废话，要直接上干货。

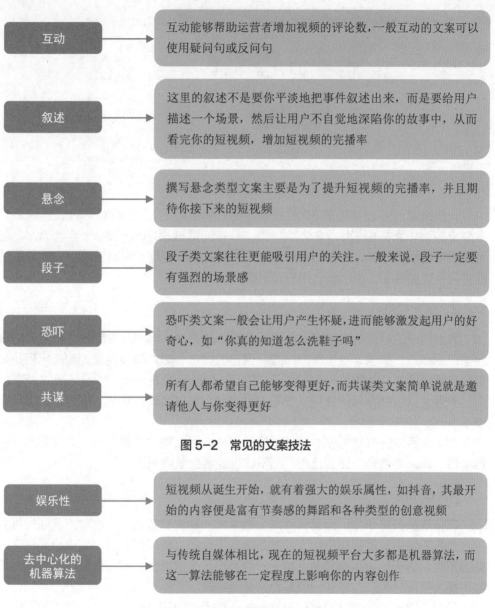

互动	→	互动能够帮助运营者增加视频的评论数，一般互动的文案可以使用疑问句或反问句
叙述	→	这里的叙述不是要你平淡地把事件叙述出来，而是要给用户描述一个场景，然后让用户不自觉地深陷你的故事中，从而看完你的短视频，增加短视频的完播率
悬念	→	撰写悬念类型文案主要是为了提升短视频的完播率，并且期待你接下来的短视频
段子	→	段子类文案往往更能吸引用户的关注。一般来说，段子一定要有强烈的场景感
恐吓	→	恐吓类文案一般会让用户产生怀疑，进而能够激发起用户的好奇心，如"你真的知道怎么洗鞋子吗"
共谋	→	所有人都希望自己能够变得更好，而共谋类文案简单说就是邀请他人与你变得更好

图 5-2　常见的文案技法

娱乐性	→	短视频从诞生开始，就有着强大的娱乐属性，如抖音，其最开始的内容便是富有节奏感的舞蹈和各种类型的创意视频
去中心化的机器算法	→	与传统自媒体相比，现在的短视频平台大多都是机器算法，而这一算法能够在一定程度上影响你的内容创作

图 5-3　短视频平台的核心属性

2. 密集信息

一般来说，写文章的时候如果没有严格的字数控制的话，那对作者来说将会是非常轻松的。而且干货文章自然是越多越好，越详细越受欢迎。但是，在短视频中却不能这样。

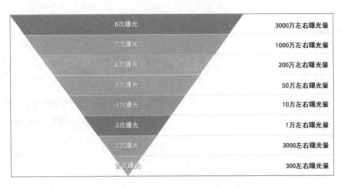

图 5-4 抖音的流量分发机制

一般来说，短视频的前 30 秒是最容易破播放率的，而 30 秒之内，运营者正常交流的话，大概能说出 70 个字，而 1 分钟的话就是 100~200 个字。因此，你可以根据短视频时长，将你的信息都通过具体的字数表现出来，这样可以让你的短视频内容更加充实，也能够让用户有足够的获得感。

3. 激发好奇心

激发用户的好奇心是最好的能够留住用户的方式。当用户看到一个视频无法满足自己的痛点、需求，也没有办法激起自己的好奇心时，便会迅速地划走，但是如果你在短视频的开头放置一个"钩子"的话，便能够激发用户不断看下去的兴趣。

参考文案：推荐几款显瘦又好看的小裙子，尤其是最后一个，保证你穿上让你瘦下 5 斤，快来看看吧。

这个文案主要针对的就是想要显瘦的用户，而文案中说最后一个非常显瘦，并且说出了具体的数量，便会让用户忍不住想要看那最后一件。

4. 娱乐性

在传统的自媒体中，运营者通常会透露出一种专家范儿，而这种态度在短视频平台是行不通的。短视频平台大多都是娱乐平台，上面也说到过，其核心属性之一是娱乐性，过于严肃的运营者会给人一种高高在上的感觉，因此其制作出来的短视频可能会受部分用户的喜欢，但是很难做出爆款。

而没有娱乐性的短视频是比较枯燥的，枯燥的内容往往没有办法让人静下心来观看，而且用户之所以下载短视频平台，就是为了开心，因此你所制作的短视频最好具有一定的娱乐性。

5. 口语化

在写一篇专业的文章时，我们通常会用比较专业的书面文字，但如果短视频也是使用这种风格的话，就会让用户觉得很不舒服。口语化的表达会让用户在观看短视频时感觉更加亲切。

6．产生共鸣

短视频想要成为爆款，就需要让用户去观看你的视频，而让用户产生共鸣也是一种方式。共鸣可分为两种：一种是正向共鸣，主要是别人对你的认可；另一种是反向共鸣，即别人对你的不认同。不管用户对你是认同还是不认同，两种情况都会引起粉丝对你的议论，进而带动话题。

5.2　开头结尾文案

一个好的开头结尾往往都会给你的短视频加分，如好的开头可以帮助你吸引更多用户的关注、塑造 IP 形象，好的结尾则可以起到画龙点睛的作用，升华整个视频的主题。本节我们便来了解一下开头和结尾文案的相关情况。

5.2.1　开头文案的价值特点

一般来说，开头文案主要有两大特点，分别是塑造 IP 形象和吸引用户关注，如图 5-5 所示。

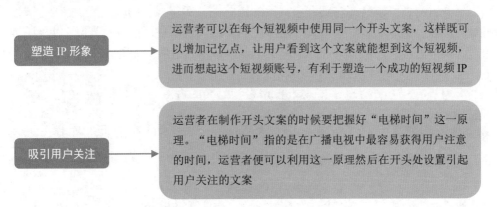

塑造 IP 形象 ➡️ 运营者可以在每个短视频中使用同一个开头文案，这样既可以增加记忆点，让用户看到这个文案就能想到这个短视频，进而想起这个短视频账号，有利于塑造一个成功的短视频 IP

吸引用户关注 ➡️ 运营者在制作开头文案的时候要把握好"电梯时间"这一原理。"电梯时间"指的是在广播电视中最容易获得用户注意的时间，运营者便可以利用这一原理然后在开头处设置引起用户关注的文案

图 5-5　开头文案的特点

短视频开头文案的重要性是毋庸置疑的，因此运营者在写文案时需要想好怎样开头才能吸引用户的注意，引起用户的好奇心。

5.2.2　开头文案的写作技巧

了解了开头文案的重要性后，我们再来看一下开头文案的写作技巧，其主要包括 3 点，分别是留下悬念、列出干货和结合热点，如图 5-6 所示。

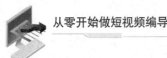
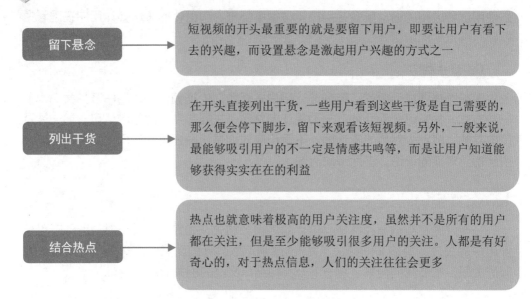

留下悬念 ➤ 短视频的开头最重要的就是要留下用户，即要让用户有看下去的兴趣，而设置悬念是激起用户兴趣的方式之一

列出干货 ➤ 在开头直接列出干货，一些用户看到这些干货是自己需要的，那么便会停下脚步，留下来观看该短视频。另外，一般来说，最能够吸引用户的不一定是情感共鸣等，而是让用户知道能够获得实实在在的利益

结合热点 ➤ 热点也就意味着极高的用户关注度，虽然并不是所有的用户都在关注，但是至少能够吸引很多用户的关注。人都是有好奇心的，对于热点信息，人们的关注往往会更多

图 5-6 开头文案的写作技巧

5.2.3 结尾文案的价值特点

一些运营者可能会关注到开头文案的重要性，却忽视了结尾文案，造成了虎头蛇尾的现象。结尾文案写得好，才能够让用户继续观看你后面的短视频，继而在你的短视频下进行评论。一个好的结尾文案通常有两大价值，如图 5-7 所示。

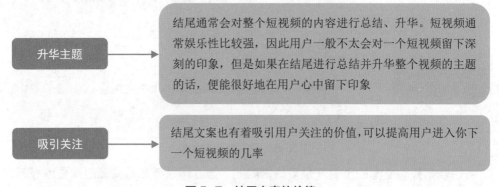

升华主题 ➤ 结尾通常会对整个短视频的内容进行总结、升华。短视频通常娱乐性比较强，因此用户一般不太会对一个短视频留下深刻的印象，但是如果在结尾进行总结并升华整个视频的主题的话，便能很好地在用户心中留下印象

吸引关注 ➤ 结尾文案也有着吸引用户关注的价值，可以提高用户进入你下一个短视频的几率

图 5-7 结尾文案的价值

5.2.4 结尾文案的写作技巧

结尾文案怎么写才能更好呢？运营者可以通过留下悬念、进行互动、引导关注和总结提炼 4 种方式进行写作，如图 5-8 所示。

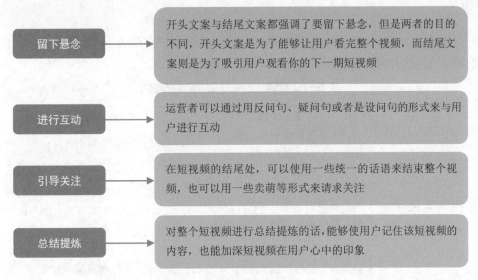

图 5-8　结尾文案的写作技巧

5.3　营销文案

有的短视频账号有了一定的粉丝后，便会开始尝试变现，其中包括广告植入。广告营销的植入可能会引起部分用户的不满，那么该怎么写才不会让用户反感呢？本节我们便来了解一下广告营销文案的相关情况。

5.3.1　营销文案的价值

很多人都觉得营销文案最重要的价值在于推销产品，让大家能够记住你的产品进而进行购买。但营销文案还有着以下 3 种价值，分别是打造 IP、便于内容营销和具有带货能力，如图 5-9 所示。

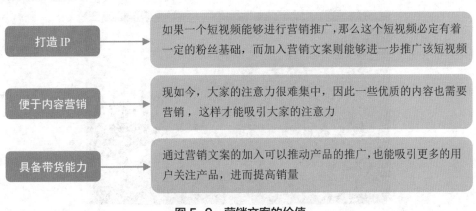

图 5-9　营销文案的价值

5.3.2 营销文案的异同

短视频文案与营销文案有着一定的差异，具体体现在两者的定义、作用、目的等方面，但两者也存在着相同点，如表 5-1 所示。

表 5-1　营销文案和短视频文案的异同

		营销文案	短视频文案
不同点	定义	营销文案是网络营销的核心，包括产品文案、品牌背书文案、传播文案、营销文案 4 类	短视频文案是包括短视频标题、简介以及短视频内容等的文字性叙述
	作用	通过文案引起用户兴趣，为营销成交做准备，为销售解决问题	是对整个视频的剧情、发展走向等的概括，是对短视频要点的凸显，同时也是吸引用户注意力的法宝
	目的	主要作用于用户，最终目的在于引导用户关注产品或品牌	主要作用于短视频，最终目的在于引导用户关注短视频内容
相同点		两者都是为了推广以及增强传播效果	

5.3.3 营销文案的类型

根据营销文案内容的不同，可以将营销文案分为两种，一种是故事主导型的植入文案，另一种是产品主导型的植入文案。

1. 故事主导型的植入文案

顾名思义，故事主导型主要是以故事为主，然后在故事中穿插营销文案。许多的泰国广告便是采用这种方式，他们通常都是以故事和剧情为主，然后在其中穿插着广告。因此也可以说，泰国的广告不仅仅是一条广告，它同时也是一个优质的短视频，如图 5-10 所示。

图 5-10　泰国广告案例

2. 产品主导型的植入文案

产品主导型的植入文案一般比较注重产品，通常整个短视频都是以产品为主，语言也比较直白，会利用充满诱惑的语言来激起用户的购买欲望。这种植入文案一般以测评类为主，如图 5-11 所示。

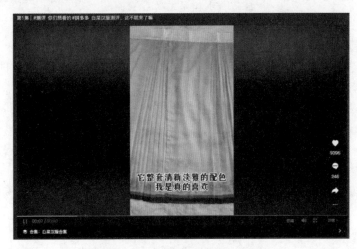

图 5-11 产品主导型的植入文案

5.4 进一步优化文案

在制作短视频内容之前，首先应该明确其主题内容，并以此拟定标题文案，从而使得标题与内容能够紧密相连。无论短视频的主题内容是什么，其最终目的还是吸引用户去点击、观看、评论以及分享，从而为账号带来流量，因此掌握撰写有吸引力的短视频标题文案技巧是很有必要的。

从短视频的目标来看，大部分短视频的创作都是以广大人群为受众的，受众越广意味着短视频的受欢迎程度越高，相应地，短视频获得的效益也会越高。但这一目标的实现有一定的难度，大部分的短视频是以某一垂直领域或知识分区来传达内容的，因此短视频的创作者在拟写文案标题时，应重点关注相关领域的目标受众，先巩固好目标受众再进行受众的范围扩展。

想要深入学习如何撰写爆款短视频标题，就要掌握爆款标题文案的特点。本节笔者将从爆款标题文案的特点出发，重点介绍四大优化技巧，从而帮助运营者更好地打造爆款短视频标题。

5.4.1 控制字数

部分运营者为了在标题中将短视频的内容讲清楚，会把标题写得很长。那么，是不是标题越长就越好呢？笔者认为，在撰写短视频标题时，应该将字数控制在一定的范围内。

运营者在撰写短视频标题时要注意，标题应该尽量简短。俗话说"浓缩的就是精华"，短句子本身不仅生动简单又内涵丰富，而且越短的句子，越容易被人接受和记住。运营者撰写短视频标题的目的就是要让用户更快地注意到标题，并被标题吸引，进而点击查看短视频内容，增加短视频的播放量。这就要求运营者在撰写短视频标题时，要在最短的时间内吸引用户的注意力。

如果短视频标题中的文案过于冗长，就会让用户失去耐心。这样一来，短视频标题将难以达到很好的互动效果。通常来说，撰写简短标题需要把握好两点，即用词精练、用句简短。

运营者在撰写短视频标题时，要注意标题用语的简短，切忌标题成分过于复杂。简短的标题，会给用户更舒适的视觉感受，阅读标题内容也更为方便。

5.4.2　通俗易懂

短视频文案的受众比较广泛，这其中便包含了一些文化水平不是很高的人群。因此，在语言上要求尽可能地形象化和通俗化。

从通俗化的角度来说，就是照顾到绝大多数用户的语言理解能力，尽量少用华丽的辞藻和不切实际的描述，利用通俗易懂的语言来撰写标题。否则，不符合用户口味的短视频文案很难吸引他们互动。为了实现短视频标题的通俗化，运营者可以重点从以下 3 个方面着手。

- 标题要长话短说，不要拖泥带水。
- 少用华丽的辞藻，要能够突出重点信息。
- 多添加生活化的元素，引起用户的共鸣。

其中，添加生活化的元素是一种常用的、简单的使标题通俗化的方法，也是一种行之有效的营销宣传方法。利用这种方法，可以把专业性的、不易理解的词汇和道理通过生活元素形象、通俗地表达出来。

总之，运营者在撰写短视频的标题文案时，要尽量通俗易懂，让用户看到标题后能更好地理解其内容，从而让他们更好地接受短视频中的观点。

5.4.3　形式新颖

在短视频文案的写作中，标题的形式千千万万，运营者不能仅仅只是拘泥于几种常见的标题形式，这是因为普通的标题早已不能够吸引各种类型的用户了。

那么，什么样的标题才能够引起用户的注意呢？笔者认为，以下 3 种做法比较具有实用性且又能吸引用户的关注。

（1）在短视频文案中使用问句，能在很大程度上激发用户的兴趣和参与度。

（2）短视频标题文案中的元素越详细越好，越是详细的信息对于那些需求紧迫的用户来说，就越具有吸引力。

（3）要在短视频标题文案之中，将能带给用户的利益明确地展示出来。

5.4.4　满足需求

在短视频运营过程中，其文案内容撰写的目的主要就在于告诉用户通过了解和关注短视频内容，能获得哪些方面的实用性知识或能得到哪些有价值的信息。因此，为了提升短视频的点击量，运营者在写标题时应该充分展现其实用性，以期最大程度地吸引用户的眼球。

比如，一些分享摄影技术或者是摄影器械的短视频，运营者就会在短视频标题当中将其实用性展现出来，让用户能够快速了解这个短视频的目的是什么。展现实用性的标题撰写原则是一种非常有效的引流方法，特别是对于那些在生活中遇到类似问题的用户而言，利用这一原则撰写的短视频标题是非常受欢迎的，因此也更容易获得较高的点击量。

第6章

经典短视频标题的撰写技巧

学前提示

　　许多用户在观看一个短视频时，首先注意到的可能就是它的标题。因此，一个短视频标题的好坏，将会对它的相关数据造成很大的影响。那么，如何写出优质的短视频标题呢？笔者认为短视频标题的撰写应该是简单且精准的，只要一句话将重点内容表达出来就够了。

6.1　短视频标题策划

　　标题是短视频文案策划的第一要素，要做好短视频文案，就要重点关注短视频标题的制作。短视频标题的创作必须要掌握一定的写作技巧和写作标准，只有对标题撰写必备的要素进行熟练掌握，才能更好、更快地实现标题撰写，从而达到引人注目的效果。本节将主要介绍短视频文案标题的相关内容。

6.1.1　制作要点

　　在撰写短视频文案的标题时，需要了解一定的要点，如不虚张声势、不冗长繁重、善用吸睛词汇等，详细介绍如下。

1. 不虚张声势

　　短视频的标题是短视频内容的"窗户"，短视频用户如果能从这扇窗户中看到短视频的大致内容，就说明这个短视频标题是合格的。换句话说，就是标题要体现出短视频内容的主题。

　　尽管标题就是要起到吸引短视频用户的作用，但是如果用户被某一标题吸引，点击查看内容时却发现标题和内容主题联系得不紧密，或是完全没有联系，就会降低短视频用户的信任度，而短视频的点赞和转发量也将被拉低。

　　因此，运营者在撰写短视频标题的时候，务必注意所写的标题要与内容主题相联系，切勿"挂羊头卖狗肉"或"虚张声势"，而应该尽可能地让标题与内容紧密关联，如图 6-1 所示。

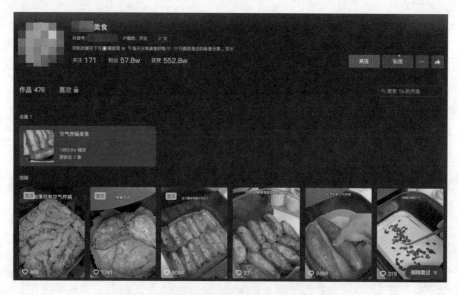

图 6-1　紧密联系主题的短视频标题示例

2．不冗长繁重

一个标题的好坏直接决定了短视频点击量、完播率的高低，因此短视频运营者在撰写标题时，一定要重点突出，简洁明了，字数不宜过多，最好是能够朗朗上口，这样才能让用户在短时间内就能清楚地知道你想要表达的是什么，从而达到短视频内容被观看完的目的。

在撰写标题的时候，要注意标题用语的简洁性，突出重点，切忌标题成分过于复杂，标题越简单明了越好。短视频用户在看到简短的标题时，会有一个比较舒适的视觉感受，阅读起来也更为方便。

图 6-2 所示的抖音短视频标题虽然只有短短几个字，但抖音用户却能从中看出短视频的主要内容，这样的标题重点突出，更有看点。

图 6-2　简短的短视频标题示例

3．善用吸睛词汇

短视频的标题如同短视频的"眼睛"，在短视频中起着十分重要的作用。标题展示着一个短视频的大意、主旨，甚至是对故事背景的诠释，标题的好坏影响着短视频数据的高低。

若短视频运营者想要借助短视频标题吸引用户，就必须使标题有点睛之处，而给短视频标题"点睛"是有技巧的，在撰写标题的时候，短视频运营者可以加入一些能够吸引用户眼球的词汇，比如"惊现""福利""秘诀""震惊"等。这些"点睛"词汇，能够让短视频用户产生好奇心，如图 6-3 所示。

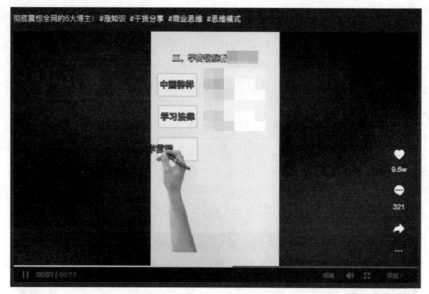

图6-3　使用吸睛词汇的短视频标题示例

6.1.2　拟写技巧

在观看短视频的时候，首先映入眼帘的便是标题，好的标题能够使用户驻留观看短视频的内容，并为短视频带来流量。因此，短视频文案的标题十分重要，而遵循一定的原则和掌握一定的技巧能够使短视频运营者更好地创作出优质的文案标题。下面，我们便来了解一下拟写文案标题的相关技巧。

1．拟写的3个原则

评判一个文案标题的好坏，不仅要看它是否有吸引力，还需要参照其他的一些原则。在遵循这些原则的基础上撰写的标题，能够为短视频带来更多的流量。这些原则具体如下。

1）换位原则

短视频运营者在拟定文案标题时，不能只站在自己的角度去想，还要站在用户的角度去思考。

也就是说，应该将自己当成用户。假设你是用户，你想知道某个问题的答案，你会用什么样的搜索词进行搜索，以类似这样的思路出发去拟写标题，能够让你的短视频标题更接近用户心理，从而精准对焦目标用户人群。

短视频运营者在拟写标题前，可以先将有关的关键词输入搜索浏览器中进行搜索，然后从排名靠前的文案中找出它们写作标题的规律，再将这些规律用于自己要撰写的文案标题中。

2）新颖原则

运用好新颖原则能够使得短视频文案的标题更具吸引力。若短视频运营者想要让自己的文案标题形式变得新颖，可以采用以下几种方式，如图6-4所示。

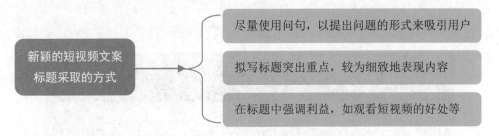

图6-4 新颖的短视频文案标题采取的方式

3）关键词组合原则

通过观察，可以发现能获得高流量的文案标题，都是拥有多个关键词并且进行组合之后的标题。这是因为，只有单个关键词的标题，它的排名影响力不如多个关键词的标题。

例如，如果仅在标题中嵌入"面膜"这一关键词，那么用户在搜索时，只有当搜索到"面膜"这一个关键字时，文案才会被搜索出来。而标题上如果含有"面膜""变美""年轻"等多个关键词，则用户在搜索其中任意关键字的时候，文案都会被搜索出来，因此这样的短视频标题更能吸引用户的眼球。

2. 凸显文案的主旨

俗话说："题好一半文"，意在说明一个好的标题就等于这篇文章成功了一半。衡量一个标题好坏的方法有很多，而标题能否体现视频的主旨是衡量标题好坏的一个主要参考依据。

如果一个短视频标题不能够做到在短视频用户看见它的第一眼就明白它想要表达的内容，那么该视频便不容易被用户查看到，且视频容易丧失掉一部分的价值。

因此，为实现视频内容的高点击量和高效益，短视频运营者在拟写文案标题时一定要多注重凸显文案的主旨，紧扣视频的内容。例如，短视频运营者可以在脚本的大致框架中，概括出一个或两个关键词作为标题，也可以将自己视频内容中想要表达的价值在标题中体现出来。

3. 重视词根的作用

在进行文案标题拟写的时候，短视频运营者需要充分考虑如何去吸引目标用户的关注。而要实现这一目标，就需要从关键词入手，而关键词由词根构成，因此需要更加重视发挥词根的作用。

词根指的是词语的组成部分，不同的词根组合可以有不同的词义。例如，一篇文案标题为"十分钟教你快速学会手机摄影",那么在这个标题中,"手机摄影"就是关键词,而"手机""摄影"就是不同的词根,根据词根我们可以写出更多与词根相关的标题,如"摄影技术""手机拍照"等。

图6-5所示为视频标题示例,从图中可以看出,该视频标题的词根为"旅拍""技巧",根据这两个词根可以写出"手机摄影""手机拍摄技巧""摄影技巧"等标题。

图6-5 视频标题示例

用户一般习惯于根据词根去搜索短视频,如果你的短视频中恰好包含了用户搜索的词根,那么你的短视频便很容易被推荐给这些用户观看。

6.1.3 拟写要求

标题的拟写大多是以为短视频带来更多流量为目标的,即短视频标题的拟写追求爆款标题。如果短视频运营者想要深入学习如何撰写短视频爆款文案标题,就需要掌握相应的拟写要求,如图6-6所示。

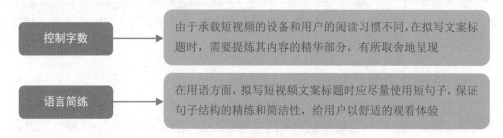

图6-6 短视频爆款文案标题的拟写要求

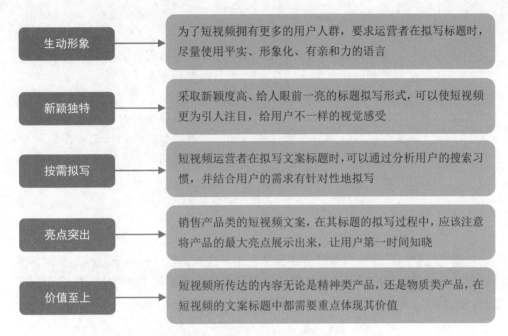

生动形象	→	为了短视频拥有更多的用户人群,要求运营者在拟写标题时,尽量使用平实、形象化、有亲和力的语言
新颖独特	→	采取新颖度高、给人眼前一亮的标题拟写形式,可以使短视频更为引人注目,给用户不一样的视觉感受
按需拟写	→	短视频运营者在拟写文案标题时,可以通过分析用户的搜索习惯,并结合用户的需求有针对性地拟写
亮点突出	→	销售产品类的短视频文案,在其标题的拟写过程中,应该注意将产品的最大亮点展示出来,让用户第一时间知晓
价值至上	→	短视频所传达的内容无论是精神类产品,还是物质类产品,在短视频的文案标题中都需要重点体现其价值

图 6-6 短视频爆款文案标题的拟写要求(续)

6.1.4 优化标准

短视频运营者在拟写文案标题时,若想要借助标题给短视频带来更多的流量,可以按照以下 6 个标准来优化标题。

● 标题中是否明确了短视频内容的价值,如明确了用户在观看完短视频后可以收获快乐或奖品。

● 标题的表述方式是否简洁明了,让人一目了然,如科普知识类的视频标题明确了哪一类型的知识。

● 标题是否足够个性鲜明、独树一帜,能够产生瞬间吸引人眼球的效果,如形成具有个人特色的表达方式。

● 标题的重要元素是否足够具体、完整,如"××公园里的花开了"这个标题可以具体表述哪个公园。

● 标题表述是否与短视频内容契合,如短视频内容是与"辅导孩子"相关的,则标题包含"辅导孩子"。

● 标题是否定位到一定的目标用户,如分享"小个子穿搭"就会定位至"小个子"相关人群。

专家提醒

　　从短视频的目标来看，大部分短视频的创作都是以广大人群为用户的，用户越多意味着短视频的受欢迎程度越高，相应地，短视频获得的效益也会越高。

　　但这一目标的实现有一定的难度，大部分的短视频是以某一垂直领域或知识分区来传递内容的，因此短视频的运营者在拟写文案标题时，应重点关注相关领域的目标用户，先巩固好目标用户再进行用户的范围扩展。

6.1.5　注意事项

　　在撰写标题时，短视频运营者还要注意不要走入误区，一旦标题撰写失误，便会对短视频的数据造成不可小觑的影响。下面将从标题撰写中容易出现的 6 个误区出发，介绍如何更好地打造短视频文案的标题，如图 6-7 所示。

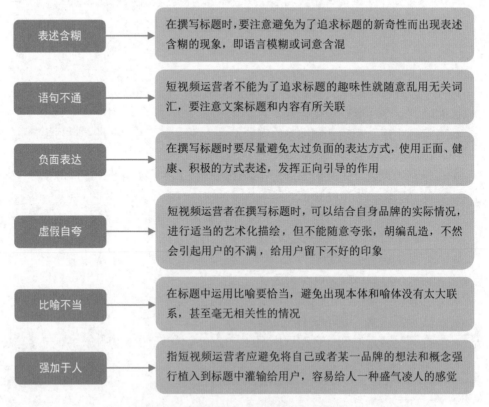

图6-7　撰写短视频文案标题的注意事项

6.2　热门标题模板

曾经流传了一句话，即"标题决定了 80% 的流量"。虽然其来源和准确性不可考，但由其流传之广可知，标题重要性是值得重视的。本节笔者将为大家介绍 10 种撰写短视频标题文案的热门模板。

6.2.1　福利型标题

福利型标题是指在标题上带有与"福利"相关的字眼，向用户传递一种"这个短视频就是来送福利的"的感觉，让用户自然而然地想要看完短视频。福利型标题准确把握了用户追求利益的心理需求，让他们一看到"福利"的相关字眼就忍不住想要了解短视频的内容。

福利型标题的表达方法有两种，一种是直接型，另一种是间接型，虽然具体方式不同，但是效果相差无几，如图 6-8 所示。

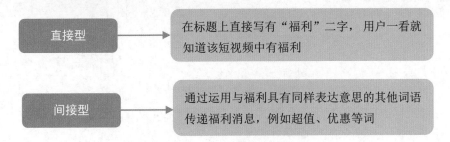

图 6-8　福利型标题的表达方法

值得注意的是，在撰写福利型标题的时候，无论是直接型还是间接型，都应该掌握 3 点技巧，如图 6-9 所示。

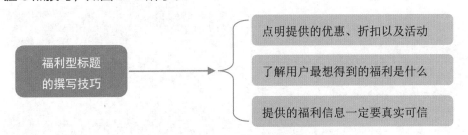

图 6-9　福利型标题的撰写技巧

福利型标题通常会给用户带来一种惊喜之感，试想，如果短视频标题中或明或暗地指出含有福利，你难道不心动吗？

福利型标题既可以吸引用户的注意力，又可以为他们带来实际的利益，可谓是一举两得。当然，运营者在撰写福利型标题时也要注意，不要因为侧重福利而偏离了主题，而且最好不要使用太长的标题，以免影响短视频的传播效果。

6.2.2 励志型标题

励志式标题最为显著的特点就是"现身说法",一般是通过第一人称的方式讲故事,故事的内容包罗万象,但总的来说离不开成功的方法、教训以及经验等。

如今,很多人都想致富,却苦于没有致富的方法和动力,如果这个时候给他们看励志鼓舞型的短视频,让他们知道成功者是怎样打破枷锁走上人生巅峰的,他们就很有可能对带有这类标题的内容感到好奇,因此这样的标题结构就会具有独特的吸引力。励志式标题模板主要有两种,如图 6-10 所示。

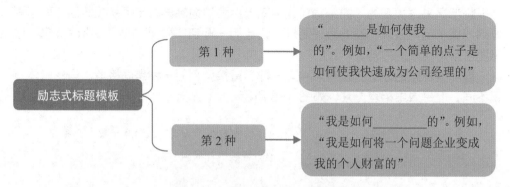

图 6-10 励志式标题的两种模板

励志式标题的好处在于煽动性强,容易制造一种鼓舞人心的感觉,激起用户的欲望,进而提升短视频的完播率。

那么,打造励志式标题是不是单单依靠模板就好了呢?答案是否定的,模板固然可以借鉴,但在实际的操作中,还是要根据内容的不同而写出特定的标题文案。总的来说,励志式标题有 3 种经验技巧可供借鉴,如图 6-11 所示。

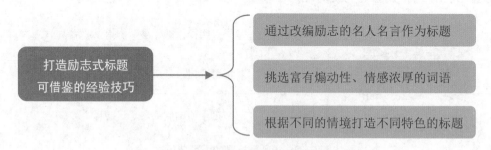

图 6-11 打造励志式标题可借鉴的经验技巧

一个成功的励志式标题不仅能够带动用户的情绪,而且还能促使他们对短视频产生极大的兴趣。励志式标题一方面是利用用户想要获得成功的心理,另一方面则是巧妙借鉴了情感共鸣的方法,通过带有励志色彩的字眼来引起用户的情感共鸣,从而成功吸引他们的眼球。

6.2.3 冲击型标题

所谓"冲击力"，即带给人在视觉和心灵上的触动的力量，也是引起用户关注视频内容的原因。这种类型的短视频标题具有独特的价值和魅力。

在具有冲击力的标题撰写中，要善于利用"第一次"和"比……还重要"等类似的较具有极端性特点的词汇，如图 6-12 所示。因为用户往往比较关注那些具有特点的事物，而"第一次"和"比……还重要"等词汇是最能充分体现其突出性的，同时也能带给用户强大的戏剧冲击感和视觉刺激感。

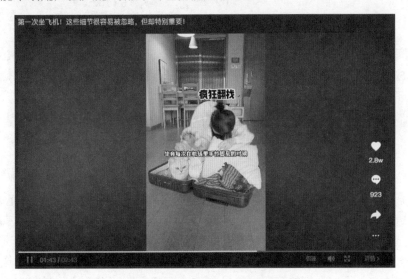

图 6-12 利用"第一次"的短视频

6.2.4 悬念型标题

好奇是人的天性，悬念型标题就是利用人的好奇心来打造的，它首先抓住用户的眼球，然后再提升用户的阅读兴趣。

标题中的悬念是一个诱饵，引导用户观看短视频的内容，因为大部分人看到标题里的疑问和悬念，就会忍不住想进一步弄清楚真相，这就是悬念型标题的套路。

悬念型标题在日常生活中运用得非常广泛，也非常受欢迎。人们在观看电视或综艺节目时，也会经常看到一些节目预告，这些预告就是采用悬念型标题引起用户兴趣的。总的来说，利用悬念撰写标题的方法通常有 4 种，如图 6-13 所示。

悬念型标题的主要目的是增加短视频的可看性，因此短视频运营者需要注意的是，使用这种类型的标题，一定要确保短视频内容能够让用户感到惊奇，不然就会引起他们的失望与不满，继而便会对你的账号产生质疑，从而影响你在用户心中的形象。

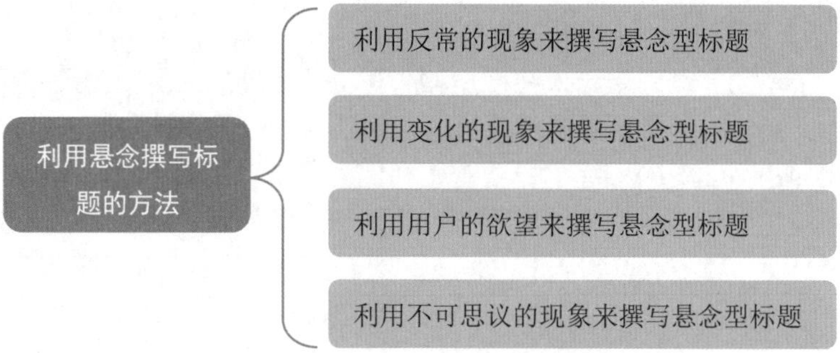

利用悬念撰写标题的方法

利用反常的现象来撰写悬念型标题

利用变化的现象来撰写悬念型标题

利用用户的欲望来撰写悬念型标题

利用不可思议的现象来撰写悬念型标题

图 6-13　利用悬念撰写标题的方法

文案的悬疑标题如果是为了悬疑而悬疑，那么只能够吸引用户 1～3 次的关注，很难长时间保留效果。如果内容太无趣、无法达到文案引流的目的，那这就是一篇失败的文案，会导致文案营销的活动也随之泡汤。

因此，运营者在设置悬疑型标题的时候，需要非常慎重，保证有较强的逻辑性，切忌为了标题而忽略了文案营销的目的和文案本身的质量。

6.2.5　借势型标题

借势是一种常用的标题制作手法，借势不仅完全是免费的，而且效果还很可观。借势型标题是指在标题上借助社会上的一些时事热点和新闻的相关词汇，来给短视频造势，增加点击量。

借势一般都是借助最新的热门事件吸引用户的眼球。一般来说，时事热点拥有一大批关注者，而且传播的范围也会非常广，短视频标题借助这些热点就可以让用户轻易地搜索到该短视频，从而吸引用户查看该短视频的内容。

那么，在创作借势型标题的时候，应该掌握哪些技巧呢？笔者认为，我们可以从 3 个方面来努力，如图 6-14 所示。

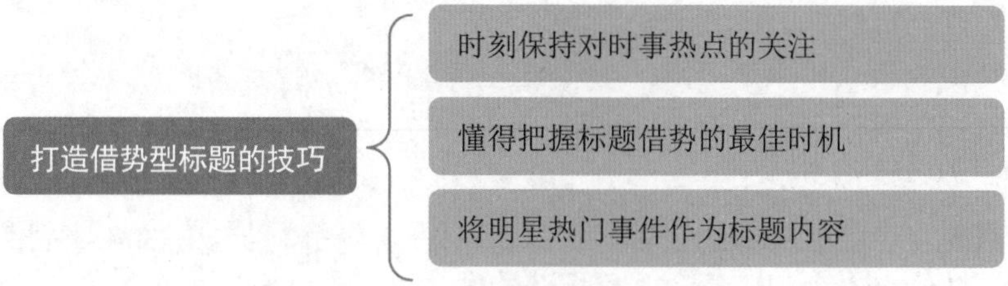

打造借势型标题的技巧

时刻保持对时事热点的关注

懂得把握标题借势的最佳时机

将明星热门事件作为标题内容

图 6-14　打造借势型标题的技巧

值得注意的是，在打造借势型标题的时候，要注意以下两个方面。

● 一方面是带有负面影响的热点不要蹭，保证内容积极向上。

● 另一方面是最好在借势型标题中加入自己的想法和创意，做到借势和创意的完美同步。

6.2.6　急迫型标题

使用急迫型标题时，往往会让用户产生马上就会错过什么的感觉，从而立马查看短视频。这类标题具体应该如何打造呢？笔者将其相关技巧总结为以下 3 点，如图 6-15 所示。

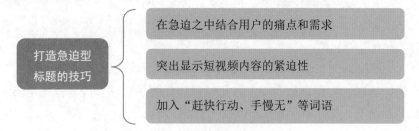

图 6-15　打造急迫型标题的技巧

急迫型标题是促使用户行动起来的最佳手段，同时也是切合用户利益的一种标题形式。

6.2.7　警告型标题

警告型标题常常通过发人深省的内容和严肃深沉的语调给用户以强烈的心理暗示，给用户留下深刻的印象。因此，警告型的新闻标题常常被很多短视频运营者所追捧和使用。

警告型标题是一种有力量且严肃的标题，通过标题给人以警醒作用，从而引起用户的高度注意，它通常会将以下 3 种内容移植到短视频标题中，如图 6-16 所示。

图 6-16　警告型标题包含的内容

很多人只知道警告型标题能够起到比较显著的影响，容易夺人眼球，但具体如何撰写却是一头雾水。笔者在这里分享 3 点技巧，如图 6-17 所示。

在运用警告型标题时，需要注意运用是否得当，因为并不是每一个短视频都可以使用这种类型的标题。

这种标题形式运用得当能加分，运用不当则会很容易让用户产生反感情绪，或引起一些不必要的麻烦。因此，短视频运营者在使用警告型标题时要谨慎小心，注意用词是否恰当，绝对不能草率行文，不顾内容胡乱取标题。

打造警告型标题的技巧
- 寻找目标用户的共同需求
- 运用程度适中的警告词语
- 突出展示问题的紧急程度

图6-17　打造警告型标题的技巧

　　警告型标题的应用场景有很多，无论是技巧类的短视频内容，还是供大众消遣的娱乐八卦新闻，都可以用到这一类型的标题形式。

6.2.8　观点型标题

　　观点型标题是以表达观点为核心的一种标题撰写形式，它一般会在标题上精准地提到某个人，并且把他的名字写在标题之中。值得注意的是，这种类型的标题还会在人名后添加这个人的观点或看法。

　　观点型标题比较常见，且使用范围广。一般来说，这类观点型标题写起来比较简单，基本上都是"人物＋观点"的形式。这里笔者总结了观点型标题常用的5种形式，供大家参考，如图6-18所示。

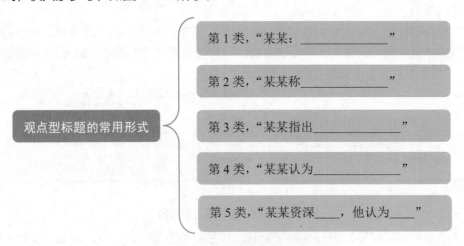

观点型标题的常用形式
- 第1类，"某某：_____"
- 第2类，"某某称_____"
- 第3类，"某某指出_____"
- 第4类，"某某认为_____"
- 第5类，"某某资深____，他认为____"

图6-18　观点型标题的常用形式

　　当然，这些形式比较刻板，在实际的标题撰写过程中，不可能完全按照这些形式来做，只能说它可以为我们提供一个大致的方向，或者说它只是一个模板，短视频运营者可以灵活运用它。那么，在具体的观点型标题撰写时，短视频运营者可以借鉴哪些经验技巧呢？具体内容如图6-19所示。

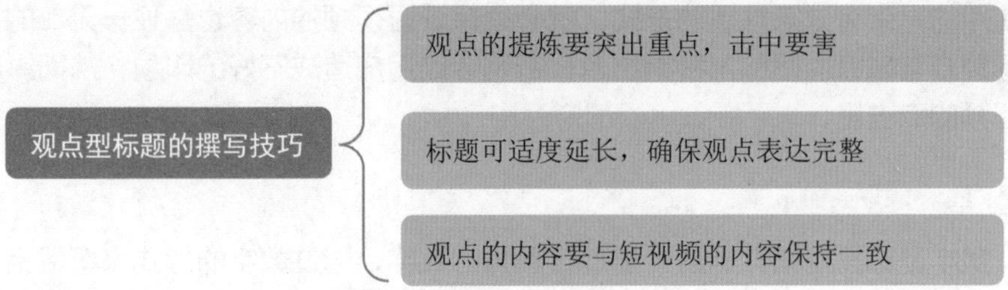

图 6-19　观点型标题的撰写技巧

　　观点型标题的好处在于一目了然，用户一看便知道该视频所要传达的主要内容。"人物＋观点"的形式往往能在第一时间引起用户的注意，特别是当人物的名气比较大时，这种标题能够更好地提升短视频的点击率。

6.2.9　独家型标题

　　独家型标题，也就是从标题上体现短视频运营者所提供的信息是独有的珍贵资源，值得用户观看和转发。从用户心理方面而言，独家型标题所代表的内容一般会给人一种自己率先获知，别人所没有的感觉，因而在心理上更容易获得满足。

　　在这种情况下，好为人师和想要炫耀的心理就会驱使用户自然而然地去转发短视频，从而成为短视频潜在的传播源。

　　独家型标题会给用户带来独一无二的荣誉感，同时还会使得短视频内容更加具有吸引力，那么短视频运营者在撰写这样的标题时应该怎么做，是直接点明"独家资源，走过路过不要错过"，还是运用其他的方法来暗示用户这则短视频的内容是与众不同的呢？

　　在这里，笔者提供 3 点技巧，帮助大家撰写能够夺人眼球的独家型标题，如图 6-20 所示。

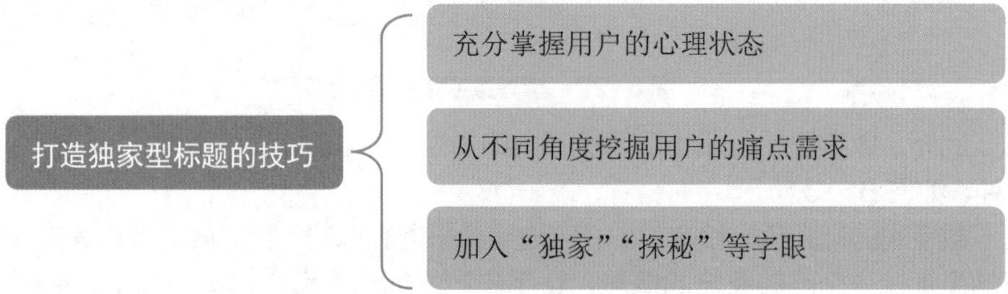

图 6-20　打造独家型标题的技巧

　　使用独家型标题的好处在于可以吸引到更多的用户，让用户觉得短视频内容比较珍贵，从而主动宣传和推广短视频，让短视频得到广泛传播。

　　独家型标题往往也暗示着短视频内容的珍贵性，因此运营者需要注意，如果标题使用的是带有独家性质的形式，就必须保证短视频的内容也是独一无二的。独家型标题要与独家性质的内容相结合，否则会给用户造成不好的印象，从而影响后续短视频的点击量。

6.2.10 数字型标题

数字型标题是指在标题中呈现出具体的数字，通过数字的形式来概括相关的主题内容。数字不同于一般的文字，它会带给用户比较深刻的印象，与他们的心灵产生奇妙的碰撞，很好地利用了他们的好奇心理。在标题中采用数字型标题有不少好处，具体体现在以下 3 个方面，如图 6-21 所示。

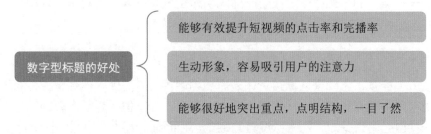

图 6-21　数字型标题的好处

值得注意的是，数字型标题很容易撰写，因为它是一种概括性的标题，只要做到以下 3 点就可以撰写出来，如图 6-22 所示。

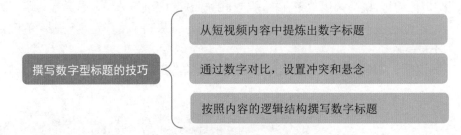

图 6-22　撰写数字型标题的技巧

此外，数字型标题还包括很多不同的类型，比如时间、年龄等，具体来说分为3 种，如图 6-23 所示。

数字式的标题是比较常见的，它通常会采用悬殊的对比、层层递进等方式呈现，目的是营造一个比较新奇的情景，让用户产生视觉上和心理上的冲击，如图 6-24 所示。

事实上，很多内容都可以通过具体的数字总结和表达，只要把想重点突出的内容提炼成数字即可，同时还要注意的是，在打造数字型标题的时候，最好使用阿拉伯数字，统一数字格式，尽量把数字放在标题前面。当然，这也需要短视频运营者根据视频内容来选择数字的格式和数字所放的位置。

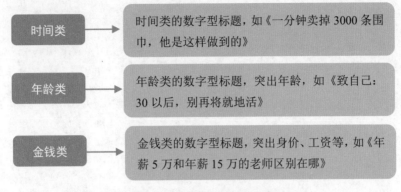

图 6-23　数字型标题的类型

图 6-24　数字型标题示例

运镜拍摄篇

第 7 章

巧用运镜必杀级技巧

学前提示

在拍摄短视频时，还需要注意运镜。不同的运镜方式给予用户的感受是不一样的，同时配合使用不同的镜头角度，也会在无形之中营造一种独特的氛围。本章，我们便来学习镜头的角度以及运镜技巧。

7.1 镜头角度的分类

在了解运镜之前，我们先来看一下镜头角度的分类。什么是镜头角度？其指的是拍摄时摄像机与被摄主体所构成的几何角度。一般来说，镜头角度可以分为两大类：按照垂直变化，可以分为平角、仰角和俯角；按照水平变化，可以分为正面、侧面和背面。

7.1.1 平角

平角也称为平视镜头，拍摄者手持摄像机向前水平拍摄，便可以拍出平视镜头，如图 7-1 所示。这种镜头接近于常人视线，能够让大家产生一种真实、平稳且庄重的感觉。因此，在制作短视频时，平角通常用来保持客观性，或是进行描述性的内容拍摄。

图 7-1 平角拍摄的视频示例

7.1.2 仰角

仰角也称为仰拍，指的是比水平角度高、镜头朝上的拍摄方式，如图 7-2 所示。这种拍摄方式一般是摄影机位于仰视被摄对象的位置，既可以用来拍摄空中的景象，也可以拍摄地上的景物。

仰拍通常会放大被拍物体的体积，因此这种角度常常用来表现被摄对象的高大、威严和壮观等，而且这种拍摄方式带有很强的主观色彩以及崇敬的感情色彩。

7.1.3 俯角

俯角也称为俯拍，其镜头的视轴主要偏向于水平线下方。这种拍摄方式从视觉经验上看，会让人产生一种压抑感，因此通常用来表现主角面临危险或内心极度不安的情况。

图 7-2　仰角拍摄的视频示例

此外，俯拍能够展现一些大的场景，同样也带有很强的感情色彩。图 7-3 所示为俯角拍摄的视频示例。

图 7-3　俯角拍摄的视频示例

7.1.4　正面

顾名思义，正面指的是被摄主体正面面对镜头，像新闻联播里面的主持人，因此这种角度通常都显得比较庄重且正规，如图 7-4 所示。一般来说，这种角度能够清晰、准确且客观地展示人物的本来面貌。运营者采用这种角度进行拍摄的短视频比较适用于安静、严肃的主题。

图 7-4 正面角度拍摄的视频示例

7.1.5 侧面

侧面就是被摄主体的侧面对着镜头，这种角度比较有利于展示被摄主体的动作、姿态和手势等，如图 7-5 所示。值得注意的是，这种拍摄角度是影片中常用的一个拍摄角度。

图 7-5 侧面角度拍摄的视频示例

7.1.6　背面

背面就是被摄对象背对着镜头。由于被摄对象是背对着镜头的，因此可供观众想象的空间比较大，所以其也保留着一定的悬念效果和写意效果。

7.2　运镜的 7 种技巧

在拍摄短视频时，运营者尤其需要在镜头的运动方式方面下功夫，掌握一些"短视频大神"常用的运镜手法。掌握运镜手法能够帮助运营者更好地突出视频中的主体和主题，让用户的视线集中在你要表达的对象上，同时让你的短视频更加生动，更有画面感。

7.2.1　推拉镜头

推拉运镜是短视频中最为常见的运镜方式，通俗来说就是一种"放大画面"或"缩小画面"的表现形式，可以用来强调拍摄场景的整体或局部以及彼此的关系。

"推"镜头是指从较大的景别将镜头推向较小的景别，如从远景推至近景，从而突出用户要表达的细节，将这个细节之处从镜头中凸显出来，让用户注意到。"拉"镜头的运镜方向与"推"镜头正好相反——先用特写或近景等景别，将镜头靠近主体拍摄，然后再向远处逐渐拉出，拍摄远景画面。

"拉"镜头的适用场景和主要作用如下。

（1）适用场景：剧情类视频的结尾，以及强调主体所在的环境。

（2）主要作用：可以更好地渲染短视频的画面气氛。

图 7-6 所示为使用无人机拍摄的大型雕像短视频，镜头的机位比较高，首先采用近景特写的镜头景别，让雕像的整个头部显示在画面中。

图 7-6　使用无人机拍摄的大型雕像短视频

然后通过"拉"镜头的运镜方式，将镜头机位向后移动，让镜头获得更加宽广的视角，同时让雕像周围的环境逐渐显示出来，如图 7-7 所示。

图 7-7　通过"拉"镜头交代主体所处的环境

7.2.2　横移镜头

横移运镜是指拍摄时镜头按照一定的水平方向移动，跟推拉运镜向前后方向上运动的不同之处在于，横移运镜是将镜头向左右方向运动，如图 7-8 所示。横移运镜是比较常用的运镜方式，如人物在沿直线方向走动时，镜头也跟着横向移动，从而能够更好地展现出空间关系，扩大画面的空间感。

在使用横移运镜拍摄短视频时，运营者可以借助摄影滑轨设备，来保持手机或相机的镜头在移动拍摄过程中的稳定性。

图 7-9 所示为一个低角度的横移运镜短视频，摄影师手持摄像机，然后水平移动拍摄人物。

图 7-8　横移运镜的操作方法

图 7-9　低角度的横移运镜短视频

7.2.3　摇移镜头

摇移运镜是指保持机位不变，然后朝着不同的方向转动镜头，镜头运动方向可分为左右摇动、上下摇动、斜方向摇动以及旋转摇动。

摇移运镜就好比是一个人站着不动，然后转动头部或身体，用眼睛向四周观看身边的环境。运营者在使用摇移运镜手法拍摄视频时，可以借助手持云台稳定器来调整镜头方向，如图 7-10 所示。

图 7-10　手持云台稳定器

摇移运镜通过灵活变动拍摄角度，能够充分地展示主体所处的环境特征，从而让用户在观看短视频时能够产生身临其境的视觉体验感。

如图 7-11 所示，在拍摄这个视频时，机位和取景高度固定不变，镜头则从左向右摇动，拍摄湖对岸的夜景风光。需要注意的是，在快速摇动镜头的过程中，拍摄的视频画面也会变得很模糊。

图 7-11　摇移运镜拍摄的视频示例

图 7-11 摇移运镜拍摄的视频示例（续）

7.2.4 甩动镜头

甩动运镜与摇移运镜的操作方法类似，只是速度比较快，用的是"甩"这个动作，而不是慢慢地摇镜头。甩动运镜通常运用于两个镜头切换时的画面，在第一个镜头即将结束时，通过向另一个方向甩动镜头，来让镜头切换时的过渡画面产生强烈的模糊感，然后马上换到另一个场景继续拍摄。

如图 7-12 所示，运营者在拍摄这个美食短视频时，采用了大量的甩动运镜方式来切换画面，可以让视频显得更有动感。在视频中可以非常明显地看到，镜头在快速甩动的过程中，画面也变得非常模糊。

图 7-12 甩动运镜的过程中画面会变得模糊

甩动运镜可以营造出镜头跟随人物眼球快速移动的画面场景，能够表现出一种急速的爆发力和冲击力，展现出事物、时间和空间变化的突然性，让用户产生一种紧迫感。

7.2.5 跟随镜头

跟随运镜与前面介绍的横移运镜类似，只是在方向上更为灵活多变。跟随运镜拍摄时可以始终跟随人物前进，让主角一直处于镜头中，从而产生强烈的空间穿越感。跟随运镜适用于拍摄采访类、纪录片以及宠物类等短视频题材，能够很好地强调内容主题。

使用跟随运镜拍摄短视频时，需要注意 3 个方面：首先，镜头与人物之间的距离始终保持一致；其次，重点拍摄人物的面部表情或肢体动作的变化；最后，跟随的路径可以是直线，也可以是曲线。

7.2.6 环绕镜头

环绕运镜即镜头绕着对象 360 度环拍，操作难度比较大，在拍摄时旋转的半径和速度要基本保持一致。

专家提醒

环绕运镜可以拍摄出对象周围 360 度的环境和空间特点，同时还可以配合其他运镜方式来增强画面的视觉冲击力。如果人物在拍摄时处于移动状态，则环绕运镜的操作难度会更大，运营者可以借助一些手持稳定器设备来稳定镜头，让旋转过程更为平滑、稳定。

图 7-13 所示为采用环绕运镜的方式拍摄的石碑短视频，能够更好地突出主体，渲染画面的意境和氛围感，从而增加视频画面的张力。

图 7-13　环绕运镜拍摄的视频示例

图7-13 环绕运镜拍摄的视频示例（续）

7.2.7 升降镜头

升降运镜是指镜头的机位朝上下方向运动，从不同方向的视点来拍摄想要表达的场景。升降运镜适合拍摄气势宏伟的建筑物、高大的树木、雄伟壮观的高山以及展示人物的局部细节。

使用升降运镜拍摄短视频时，需要注意以下事项。

- 拍摄时可以通过切换不同的角度和方位来移动镜头，如垂直上下移动、上下弧线移动、上下斜向移动以及不规则的升降方向。
- 在画面中可以纳入一些前景元素，从而体现出空间的纵深感，让用户感觉主体对象更加高大。

第8章

手机拍短视频的方法

学前提示

短视频想要获得好的观赏效果，需要利用各种镜头和技巧，以保证视频画面的清晰度和美观度。本章主要介绍使用手机拍摄短视频的相关功能和技巧，帮助读者掌握短视频的拍摄方法，轻松拍出高清大片。

8.1 手机的视频拍摄方法

在拍摄短视频时，除了要选购合适的拍摄器材和附件外，运营者还必须掌握手机的各种拍摄功能，这样才能更加得心应手，从而拍摄出优质的短视频效果。本节我们便来了解一下手机的视频拍摄方法。

8.1.1 如何拍出稳定清晰的视频画面

拍摄器材是否稳定，能够在很大程度上决定视频画面的清晰度。如果手机在拍摄时不够稳定，就会导致拍摄出来的视频画面也跟着摇晃，从而使画面变得十分模糊。如果手机被固定好，那么在视频的拍摄过程中就会十分平稳，拍摄出来的视频画面也会非常清晰。通常在拍摄短视频时，我们都是用手持的方式来保持拍摄器材的稳定。

专家提醒

千万不要只用两根手指夹住手机，尤其是在一些高的建筑、山区、湖面以及河流等地方拍视频，这样做手机非常容易掉下去。如果一定要单手持机，那么最好用手紧紧握住手机；如果是两只手持机，则可以使用"夹住"的方式，这样更加稳固。

另外，运营者可以将手肘放在一个稳定的平台上，减轻手部的压力，或者使用三脚架、八爪鱼以及手持稳定器等设备来固定手机，并配合无线快门来拍摄视频。

8.1.2 用好手机自带的视频拍摄功能

随着手机功能的不断升级，几乎所有的智能手机都有视频拍摄功能，但不同品牌或型号的手机，视频拍摄功能也会有所差别。

下面主要以华为手机为例，介绍手机相机的视频拍摄功能设置技巧。在华为手机上打开手机相机后，点击"录像"按钮，即可切换至视频拍摄界面，如图8-1所示。

图8-1 华为手机的视频拍摄界面

点击![flash icon]图标，可以设置闪光灯，如图 8-2 所示。点击![flash on icon]图标开启闪光灯功能后，在弱光情况下可以给视频画面进行适当补光。点击![settings icon]图标，进入"设置"界面，在"通用"选项区中开启"参考线"功能，即可打开九宫格辅助线，帮助运营者更好地进行构图取景，如图 8-3 所示。

图 8-2　设置手机闪光灯

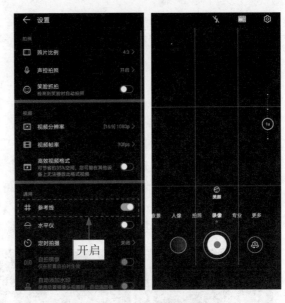

图 8-3　打开九宫格辅助线

图 8-4 所示为使用华为 P50 手机拍摄的风光短视频，其后置主摄像头为 5000 万像素的镜头，而且拥有 AIS 超级防抖功能，防抖能力非常强大，拍摄的视频画面非常稳定、清晰。

图 8-4　风光短视频

8.1.3 设置手机视频的分辨率和帧率

在拍摄短视频之前，运营者需要选择正确的视频分辨率和视频帧率，通常建议将分辨率设置为 1080p（FHD）、18 ： 9（FHD ＋）、4K（UHD）或者 8K（超高清视频技术）等。

- 1080p 又称为 FHD（FULL HD），全称为 Full High Definition，即全高清模式，一般能达到 1920×1080 的分辨率。
- 18 ： 9（FHD ＋）是一种略高于 2K 的分辨率，也就是加强版的 1080p。
- UHD（Ultra High Definition 的缩写）是一种超高清模式，即通常所指的 4K，其分辨率 4 倍于全高清（FHD）模式，分辨率为 4096×2160。
- 8K 能达到 7680×4320 的分辨率，是目前电视视频技术的最高水平。

以华为手机为例，点击"录像"界面中的◎图标，进入"设置"界面，在"视频"选项区中选择"视频分辨率"选项进入其界面，在其中即可选择相应的分辨率，如图 8-5 所示。另外，在"设置"界面的"视频"选项区中选择"视频帧率"选项，即可在弹出的列表框中设置视频帧率，如图 8-6 所示。

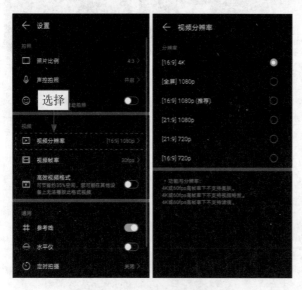

图 8-5　设置视频分辨率

图 8-6　设置视频帧率

另外，苹果手机的视频分辨率设置也同样简单，❶在手机的"设置"界面中选择"相机"选项；❷选择"录制视频"选项，即可看到手机的默认分辨率；❸进入"录制视频"界面，运营者可以根据需求选择合适的视频分辨率，如图 8-7 所示。

专家提醒

　　例如，抖音短视频的默认竖屏分辨率为 1080×1920，横屏分辨率为 1920×1080。运营者在抖音上传拍好的短视频时，系统会对其进行压缩，因此建议运营者先对视频进行修复处理，避免上传后出现画面模糊的现象。

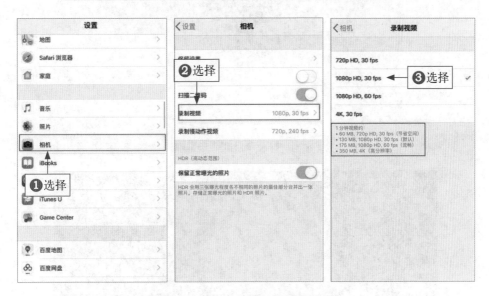

图 8-7　设置苹果手机的视频分辨率

8.1.4　设置手机对焦，拍出清晰画面

　　对焦是指通过手机内部的对焦机构来调整物距和像距的位置，从而使拍摄对象清晰成像的过程。在拍摄短视频时，对焦是一项非常重要的操作，是影响画面清晰度的关键因素。尤其是在拍摄运动状态的主体时，对焦不准画面就会模糊。

　　要想实现精准的对焦，首先要确保手机镜头的洁净。手机不同于相机，镜头通常都是裸露在外面的，如图 8-8 所示，因此一旦沾染灰尘或污垢等杂物，就会对视野造成遮挡，同时还会使得进光量降低，从而导致无法精准对焦，拍摄的视频画面也会变得模糊不清。

　　因此，对于手机镜头的清理不能马虎。运营者可以使用专业的清理工具，或者十分柔软的布定期清理手机镜头上的灰尘。

　　手机通常都是自动进行对焦的，但在检测到拍摄对象时，会有一个非常短暂的合焦过程，此时画面会轻微模糊或者抖动一下。图 8-9 所示为手机合焦过程中画面出现的短暂模糊现象。

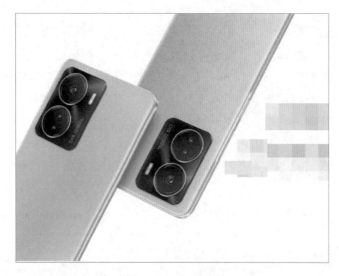

图 8-8　裸露在外面的手机镜头

图 8-9　手机合焦过程中的画面效果

　　因此，运营者可以等待手机完成合焦并清晰对焦后，再按下快门去拍摄视频。图 8-10 所示为手机准确对焦后，画面变得清晰。

　　大部分手机会自动将焦点放在画面的中心位置或者人脸等物体上，运营者在拍摄视频时也可以通过点击屏幕的方式来改变对焦的位置。在手机取景屏幕上用手指点击你想要对焦的地方，点击的地方就会变得更加清晰，而越远的地方则虚化效果越明显。

　　手机的自动对焦通常是通过画面的反差来实现的，具体包括明暗反差、颜色反差、质感反差、疏密反差以及形状反差等。因此，如果画面的反差比较小的话，则自动对焦可能会失效。所以，运营者在对焦时，可以选择反差大的位置去对焦。

图 8-10 在手机完成对焦后画面变清晰

8.1.5 用好手机的变焦功能拍摄远处

变焦是指在拍摄视频时将画面拉近,从而拍到远处的景物。另外,通过变焦功能拉近画面,还可以减少画面的透视畸变,从而获得更强的空间压缩感。不过,变焦也有弊端,那就是会损失画质,影响画面的清晰度。

以华为手机为例,在视频拍摄界面中的右侧可以看到一个变焦控制条,拖动变焦图标⊙,即可调整焦距放大画面,同时画面中央还会显示目前所设置的变焦参数,如图 8-11 所示。

图 8-11 调整焦距放大画面

如果运营者使用的是款式比较老旧的手机，可能视频拍摄界面中没有这些功能按钮，此时也可以通过双指缩放屏幕来进行变焦调整，如图 8-12 所示。

图 8-12　双指缩放屏幕调整变焦

除了缩放屏幕和后期裁剪画面实现变焦功能外，有些手机还可以通过上下音量键来控制焦距。

以华为手机为例，进入"设置"界面，❶选择"音量键功能"选项；❷在"音量键功能"界面中选中"缩放"单选按钮即可，如图 8-13 所示。

专家提醒

　　运营者可以在手机上加装变焦镜头，这样在保持原拍摄距离的同时，还可以通过变动焦距来改变拍摄范围，这对于画面构图非常有用。变焦镜头可以在一定范围内改变焦距比例，从而得到不同宽度的视场角，使手机拍摄远景和近景都毫无压力。

图 8-13　设置"音量键功能"为"缩放"

　　设置完成后,返回视频拍摄界面,通过按手机侧面的上下音量键来控制画面的变焦参数,如图 8-14 所示。

图 8-14　通过音量键实现变焦

8.1.6　合理设置曝光,拍出优质短视频

　　曝光并没有正确和错误的说法,只有合不合适。也就是说,我们在拍摄短视频时,究竟需要什么样的曝光量,一定要准确把握好。在对焦框的边上,还可以看到一个太阳图标 ☀ ,拖动该图标能够精准控制画面的曝光范围。

　　运营者在实际的拍摄过程中,可以根据当时环境光线的情况来设置曝光参数,使视频画面能够得到一个正确的曝光效果。例如，如果画面采用高调处理时比较美观，则可以适当地增加曝光量，让画面看上去有些过曝，呈现明快色调，如图 8-15 所示。如果想要体现暗淡的画面效果，则可以适当地减少曝光量，让画面看上去有一些欠曝，使整体影调效果更加灰暗。

图 8-15　明快的画面效果

专家提醒

很多手机还带有"自动曝光 / 自动对焦锁定"功能，可以在拍摄视频时锁定曝光和对焦，让主体始终保持清晰。例如，苹果手机在拍摄模式下，只需长按屏幕两秒，即可开启"自动曝光 / 自动对焦锁定"功能。

8.1.7　拍出效果超赞的慢动作短视频

"慢动作"视频的拍摄方法与普通视频一致，但播放速度会被放慢，呈现出一种时间停止的画面效果。

以华为手机为例，在"更多"界面中选择"慢动作"模式进入其拍摄界面，可以看到功能提示，如图 8-16 所示。在"慢动作"拍摄界面中，点击下方的倍数参数，默认为 32X，如图 8-17 所示。

执行操作后，在"慢动作"模式控制条中拖动滑块，选择相应的倍数参数和帧数模式，其中 960 帧 / 秒是超级慢动作模式，如图 8-18 所示。

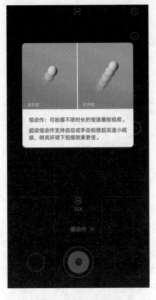

图 8-16　功能提示

图 8-17　点击倍数参数

图 8-18　设置倍数参数和帧数模式

另外，点击 ▨ 图标，还可以开启运动侦测功能，开启后图标显示为 ▨，如图 8-19 所示。

值得注意的是，大家在拍摄短视频时，还可以使用运动侦测功能自动检测取景框中的运动物体，这个功能非常适合拍摄飞驰的汽车、飞鸟、泡沫破裂或者水珠飞溅等高速运动的视频场景。

图 8-19　开启运动侦测功能

8.1.8　使用手机的多种视频拍摄模式

很多手机除了普通的视频拍摄功能外，还拥有一些特殊的拍摄模式。以华为手机为例，如"趣 AR""延时摄影""双景录像""动态照片"以及"水下相机"等模式，可以帮助运营者拍出各种类型的视频效果，如图 8-20 所示。

图 8-20　手机的多种视频拍摄模式

在"更多"界面中，点击◎图标进入"详情"界面，即可看到相关拍摄模式的功能说明，如图 8-21 所示。

图 8-21 拍摄模式的功能说明

1. 趣 AR

"趣 AR"是一种结合 AR（Augmented Reality，增强现实）技术打造的趣味拍摄功能，可以在画面中添加一些虚拟的场景或形象，让短视频变得更加有趣。

在"更多"界面中，选择"趣 AR"模式进入其拍摄界面，其中主要包括 3D Qmoji 和"手势特效"两个功能。

在 3D Qmoji 菜单中，运营者可以点击相应的萌趣表情包，即可出现在视频画面中。点击左上角的 GIF 图标 **GIF**，然后长按快门即可录制动态表情包。

切换至"手势特效"选项卡，运营者可以根据屏幕提示做出相应的手势动作，屏幕中即可出现对应的视频特效，非常适合拍摄各种手势卡点舞类型的短视频。

2. 双景录像

"双景录像"模式主要是通过手机的广角镜头和长焦镜头来实现的，广角镜头用于拍摄全景画面，长焦镜头则用于拍摄特写画面。

在"更多"界面中，选择"双景录像"模式进入其拍摄界面，即可实现运营者与被拍摄画面的完美同框效果。在使用"双景录像"模式拍摄视频时，同样可以使用变焦功能来将远处的景物拉近拍摄。

3．动态照片

"动态照片"模式能够将照片保存为连续动态的片段，让拍摄的照片动起来，同时可以像视频一样进行动画的回放操作。在"更多"界面中，选择"动态照片"模式即可进入其拍摄界面。需要注意的是，"动态照片"保存的效果为普通的图片格式（扩展名为 jpg），容量通常比视频文件要稍小一些。

4．水下相机

"水下相机"模式可以让手机拍摄精彩的水下世界，适合拍摄泳池、海滩以及浅水湾等场景。在"更多"界面中，选择"水下相机"模式即可进入其拍摄界面，点击"录像"按钮。执行操作后，即可切换为视频拍摄模式，长按快门即可录制短视频。

8.2　视频快速拍摄技巧

视频拍摄得再好，如果画面不够清晰和美观，视频的质量也会大打折扣。本节主要向读者介绍多种短视频拍摄技巧，可以让你拍摄出画质更优的短视频效果。

8.2.1　场景变化与画面切换要自然

在影视剧的拍摄当中，场景的转换至关重要，它不仅关系到作品中剧情的走向或视频中人物的命运，也关系到视频的整体视觉感官效果。

如果一段视频中的场景转换十分生硬，那么除非是特殊的拍摄手法或者是导演想要表达特殊的含义，否则这种生硬的场景转换，会使视频的质量大大降低。在影视剧当中，场景的转换一定要自然流畅，行云流水、恰到好处的场景转换才能使视频的整体质量大大提升。

手机短视频拍摄中的场景转换，笔者将其分为两种类型来讲解。一种是在同一个镜头中一段场景与另一段场景的变化，这种场景之间的转换就需要自然得体，符合视频内容或故事走向。

另一种是一个片段与另一个片段之间的转换，稍微专业一点来说就是转场，转场就是多个镜头之间的画面切换。这种场景效果的变换需要用手机视频处理软件来实现。

具有转场功能的手机视频处理软件非常多，笔者推荐剪映 App。下载剪映App 之后，导入两段或两段以上的视频，进入"转场"界面就可以为视频设置转场效果。

运营者在拍摄具有故事性的短视频时，一定要注意场景变换会给视频故事走向带来的巨大影响。一般来说，场景转换时出现的画面都会带有某种寓意或者象征故事的某个重要环节，所以场景转换时的画面，一定要与整个视频内容有关系。

8.2.2 把握拍摄距离和主体的远近

拍摄距离顾名思义，就是指镜头与视频拍摄主体之间的远近距离。拍摄距离的远近，能够在手机镜头像素固定的情况下，改变视频画面的清晰度。一般来说，距离镜头越远，视频画面越模糊，距离镜头越近，视频画面越清晰。当然，这个"近"也是有限度的，过分的近距离也会使视频画面因为失焦而变得模糊。

在拍摄视频的时候，一般有两种方法来控制镜头与视频拍摄主体的距离。

第一种是靠手机里自带的变焦功能，将远处的拍摄主体拉近，这种方法主要适用于被拍摄对象较远，无法短时间内到达，或者被拍摄对象处于难以到达的地方。

通过手机的变焦功能，能够将远处的景物拉近，然后再进行视频拍摄。而且在视频拍摄过程中，采用变焦拍摄的好处就是免去了拍摄者因距离远近而跑来跑去的麻烦，只需要站在同一个地方也可以拍摄到远处的景物。

在手机视频拍摄过程中使用变焦设置，一定要把握好变焦的程度，远处景物会随着焦距的拉近而变得不清晰。所以，为了保证视频画面的清晰度，变焦要适度。

第二种是短时间内能够到达或者容易到达的地方，就可以通过移动机位来缩短拍摄距离。图 8-22 所示为采用近距离的方式拍摄的荷花短视频，不仅主体非常突出，甚至连花瓣上的纹理都能够看得清楚。

图 8-22　近距离拍摄的荷花短视频

8.2.3 保持均匀呼吸避免画面抖动

呼吸能引起胸腔的起伏，在一定程度上能带动上肢，也就是双手的运动，所以呼吸声可能会影响视频拍摄的画质。一般来说，呼吸声较大或幅度较剧烈时，双臂的运动幅度也会随之增加。

所以，运营者若能够很好地控制呼吸的节奏，可以在一定程度上增加视频拍摄的稳定性，从而增强视频画面的清晰度。尤其是用双手端举手机进行拍摄的情况下，这种呼吸声带来的反应非常明显。

运营者要想保持平稳与均匀的呼吸，在视频拍摄之前切记不要做剧烈运动，或者等呼吸平稳了再开始拍摄视频。此外，在拍摄过程中，运营者也要做到"小、慢、轻、匀"，即"呼吸声要小，身体动作要慢，呼吸要轻、要均匀"。

在呼吸声较小或幅度较平稳情况下，拍摄出来的视频画面就会相对清晰，如图 8-23 所示。另外，如果手机本身就具有防抖功能，一定要开启，这可以在一定程度上使视频画面更稳定。

图 8-23　呼吸声较小时拍摄的视频画面

在视频的拍摄过程中，除了呼吸声的控制之外，运营者还要注意手部动作以及脚下动作的稳定。身体动作过大或者过多，都会引起手中的手机发生摇晃，且不论摇晃幅度的大小，只要手机发生摇晃，除非是特殊的拍摄需要，否则都会对视频画面产生不良的影响。所以，运营者在拍摄短视频时，一定要注意身体动作与呼吸幅度的均匀，最好是呼吸幅度能与平稳均匀的身体动作保持一致。

8.2.4　利用背景虚化拍出景深效果

使用手机拍摄视频时，想要拍摄出背景虚化的效果，就要让焦距尽可能地放大，但焦距放得太大视频画面也容易变模糊。因此，背景虚化的关键点在于拍摄距离、对焦和背景选择。

1. 拍摄距离

如今，大多数手机都采用了带有背景虚化功能的大光圈镜头，当主体聚焦清晰时，从该物体前面的一段距离到其后面的一段距离内的所有景物也都是清晰的。

例如，在 1 倍焦距下拍摄的花朵视频，花朵主体是清晰的，背景是模糊的，如图 8-24 所示。

图 8-24　在 1 倍焦距下拍摄的花朵视频

再如，在 2 倍焦距下拍摄的花朵视频，花朵主体被放大，主体也更加突出，同时背景变得更模糊，如图 8-25 所示。

图 8-25　在 2 倍焦距下拍摄的花朵视频

专家提醒

　　焦距放得越大，背景画面就会越模糊。运营者在拍摄短视频时，可以根据不同的拍摄场景来设置合适的焦距倍数。

2. 对焦

对焦就是在拍摄短视频时,在手机镜头能对焦的范围内,离拍摄主体越近越好,在屏幕中点击拍摄主体,即可对焦成功,这样就能获得清晰的主体。

另外,对于某些内置了"人像视频"模式的手机来说,使用该模式拍摄短视频时,会自动对焦并识别出人物,并对背景进行虚化处理,因此可以直接拍出背景虚化的视频效果。

3. 背景选择

选择好背景,可以使拍摄出来的视频效果更好。在选择背景时,应该尽量选择干净的背景,让视频画面看上去更简洁。

视频背景的选择会对整个画面效果产生很大的影响,如果主体选得好,而背景选得不理想的话,画面的整体效果也会大打折扣。图 8-26 所示为拍摄花的视频效果,主体清晰,背景模糊,背景颜色也很统一,画面显得非常简洁。

图 8-26　拍摄花的视频效果

8.2.5　用 ND 滤镜拍出大光圈效果

当运营者在室外拍摄短视频的时候,拍摄现场的光线通常都非常明亮,因此使用普通镜头时没法用大光圈进行拍摄,否则画面很容易过曝,拍摄出来的视频会变成全白的画面,因此我们需要使用一些特殊设备来将光线压暗。

此时,ND 滤镜(Neutral Density Filter,又称减光镜或中性灰度镜)就是一个必不可缺的设备,如图 8-27 所示。

图 8-27　ND 滤镜

　　在手机镜头前安装了减光镜后，运营者可以根据拍摄环境的光线状况来调整明暗度，从而防止画面过曝。如图 8-28 所示，通过 ND 滤镜将光线压暗后，可以营造出更加柔和的视频画面效果。

图 8-28　柔和的视频画面效果

8.2.6　用升格镜头拍出高级感画面

　　如果某个视频在拍摄时手稍微有点抖动，或者是稳定器没有达到想要的预期效果，此时运营者可以通过升格镜头的方式，尽量用一些高的帧率进行拍摄，从而让画面更加稳定，而且还会有一种高级感。

通常情况下，视频拍摄的标准帧率为每秒 24 帧，升格则是指采用高帧率的方式（每秒 60 帧或更高），拍摄出流畅的慢动作效果，如图 8-29 所示。也就是说，普通情况下 1 秒只有 24 张图，而升格镜头则可以拍出 60 张图或者更多，并通过放慢速度让观众看到更加精彩的画面效果。

图 8-29　升格镜头的拍摄效果

第 9 章

高清短视频拍摄秘笈

学前
提示

对于短视频来说，即使是相同的场景，也可以采用不同的构图和光线形式，形成不同的画面视觉效果。运营者在拍摄短视频作品时，可以通过适当的构图和打光技巧，使画面展现出独特的艺术魅力。

9.1 多种构图方法

在拍摄短视频时，构图是指通过安排各种物体和元素，来实现一个主次关系分明的画面效果。我们在拍摄短视频场景时，可以通过适当的构图方式，将自己的主题思想和创作意图形象化和可视化，从而创作出更加出色的视频画面效果。本节我们便来了解一下短视频拍摄的构图方法。

9.1.1 画幅奠定构图的基础

画幅是影响短视频构图取景的关键因素，运营者在构图前要先确定好短视频的画幅。画幅是指短视频的取景画框样式，通常包括横画幅、竖画幅和方画幅 3 种，也可以称之为横构图、竖构图和正方形构图。

1. 横构图

横构图就是将手机水平持握拍摄，然后通过取景器横向取景，如图 9-1 所示。因为人眼的水平视角比垂直视角要更大一些，因此横画幅在大多数情况下会给用户一种自然舒适的视觉感受，同时可以让视频画面的还原度更高。

图 9-1　横构图拍摄的视频画面

2. 竖构图

竖构图就是将手机垂直持握拍摄，这样拍出来的视频画面拥有更强的立体感，比较适合拍摄具有高大、线条以及前后对比等特点的短视频题材，如图 9-2 所示。在抖音和快手等短视频平台中，默认的都是竖构图的方式，画幅比例为 9：16。

图9-2 竖构图拍摄的视频画面

3．正方形构图

正方形构图的画幅比例为 1 ：1，要拍出正方形构图的短视频画面，通常要借助一些专业的短视频拍摄软件，如美颜相机、小影、VUE Vlog、轻颜相机以及无他相机等 App。图 9-3 所示为正方形构图的视频画面。

图9-3 正方形构图的视频画面

9.1.2 为前景增添构图的光彩

前景是指位于视频拍摄主体与镜头之间的事物。前景构图是指利用恰当的前景元素来构图取景，可以使视频画面具有更强烈的纵深感和层次感，同时也能极大地丰富视频画面的内容，使视频更加鲜活饱满。因此，运营者在进行短视频拍摄时，可以将身边能够充当前景的事物拍摄到视频画面当中来。

前景构图有两种操作思路，一种是将前景作为陪体，将主体放在中景或背景位置上，用前景来引导视线，使用户的视线聚焦到主体上，如图 9-4 所示。另一种则是直接将前景作为主体，通过背景环境来烘托主体，如图 9-5 所示。

图 9-4 将前景作为陪体拍摄的短视频画面

图 9-5 将前景作为主体拍摄的短视频画面

专家提醒

　　前景构图是视频拍摄过程中的常用手法，发挥着突出主体的重要作用。

在构图时，给视频画面增加前景元素，主要是为了让画面更有美感。那么，哪些前景值得我们选择呢？在拍摄短视频时，可以作为前景的元素有很多，如花草、树木、水中的倒影、道路、栏杆以及各种装饰道具等。不同的前景有不同的作用，如突出主体、引导视线、增添气氛、交代环境、形成虚实对比、形成框架和丰富画面等。

9.1.3　黄金分割线

黄金分割构图法是以 1 : 0.618 这个黄金比例来进行构图，其包括多种形式。通过运用黄金分割构图法可以让视频画面更自然、舒适，更能吸引观众的眼球。

专家提醒

　　黄金比例线是在九宫格的基础上，将所有线条都分成 3/8、2/8、3/8 三种线段，则它们中间的交叉点就是黄金比例点，是画面的视觉中心。在拍摄视频时，可以将要表达的主体放置在这个黄金比例线的比例点上，来突出画面主体。

黄金分割线还有一种特殊的表达方法，那就是黄金螺旋线，它是根据斐波那契数列画出来的螺旋曲线，如图 9-6 所示。

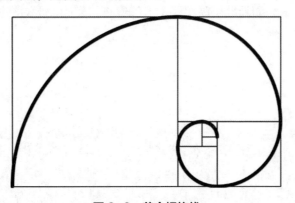

图 9-6　黄金螺旋线

很多手机相机都自带了黄金螺旋线构图辅助线，运营者在拍摄时可以直接打开该功能，将螺旋曲线的焦点对准主体，然后再切换至视频模式拍摄即可。

9.1.4 九宫格构图

九宫格构图又叫井字形构图，是指用横竖各两条直线将画面等分为 9 个空间，不仅可以让画面更加符合人们的视觉习惯，而且还能突出主体、均衡画面。图 9-7 所示为九宫格构图示例。使用九宫格构图拍摄视频，不仅可以将主体放在 4 个交叉点上，也可以将其放在 9 个空间格内，从而使主体非常自然地成为画面的视觉中心。

图 9-7　九宫格构图示例

9.1.5 对称构图

对称构图是指画面中心有一条线把画面分为对称的两部分，可以是画面上下对称，也可以是画面左右对称，或者是画面的斜向对称，这种对称画面会给人一种平衡、稳定、和谐的视觉感受。图 9-8 所示为上下对称构图示例，以水面的交界线为水平对称轴，水面清晰地倒映出了上方的景物，形成上下对称构图，从而使视频画面的布局更为平衡。

图 9-8　上下对称构图示例

9.1.6 三分线构图

三分线构图是指将画面从横向或纵向分为 3 个部分，在拍摄视频时，将对象或焦点放在三分线的某一位置上进行构图取景，让对象更加突出，让画面更加美观。

三分线构图的拍摄方法十分简单，只需要将视频拍摄主体放置在拍摄画面的横向或者纵向三分之一处即可。图 9-9 所示为三分线构图示例，视频画面中上面三分之二为山川白云，下面三分之一为江面，可以形成一种动静对比。

图 9-9　三分线构图示例

采用三分线构图拍摄短视频最大的优点就是，将主体放在偏离画面中心的三分之一位置处，能够使画面不至于太枯燥、呆板，还能突出视频的主题，使画面紧凑有力。

9.1.7 水平线构图

水平线构图就是以一条水平线来进行构图取景，给人带来辽阔和平静的视觉感受。水平线构图需要前期多看、多琢磨，寻找一个好的拍摄地点进行拍摄。水平线构图方式对于运营者的画面感有着比较高的要求，看似是最为简单的构图方式，反而常常要花费非常多的时间才能拍摄出一个好的视频作品。

图 9-10 所示为水平线构图示例。该图通过用水平线平分整个画面，可以让画面达到绝对的平衡，从而体现出不一样的视觉感受。

对于水平线构图的拍法来说，最主要的就是寻找到水平线，或者与水平线平行的直线，笔者在这里分两种类型为大家进行讲解。

● 第一种就是直接利用水平线拍摄视频。

● 第二种就是利用与水平线平行的线进行构图，如地平线等。

图 9-10 水平线构图示例

9.1.8 斜线构图

斜线构图主要利用画面中的斜线引导观众的目光，同时能够展现物体的运动、变化以及透视规律，可以让视频画面更有活力感和节奏感，如图 9-11 所示。斜线的纵向延伸可加强画面深远的透视效果，而斜线的不稳定性则可以使画面富有新意，给用户带来独特的视觉效果。

图 9-11 斜线构图示例

在拍摄短视频时，想要取得斜线构图效果也不是难事，一般来说利用斜线构图拍摄视频的方法主要有以下两种。

（1）利用视频拍摄主体本身具有的线条构成斜线。

（2）利用周围环境或道具，为视频拍摄主体构成斜线。

9.1.9 框式构图

框式构图即框架式构图，也称窗式构图或隧道构图。框式构图的特征是借助某个框式图形来构图，而这个框式图形，可以是规则的，也可以是不规则的，可以是方形的，也可以是圆的，甚至可以是多边形的。

框式构图的重点是利用主体周边的物体构成一个边框，可以起到突出主体的作用。框式构图主要是通过门窗等作为前景形成框架，透过门窗框的范围引导用户的视线至被拍摄对象上，使得视频画面的层次感得到增强，同时具有更多的趣味性，能够形成不一样的画面效果。

专家提醒

框式构图其实还有一层更高级的玩法，大家可以尝试一下，那就是逆向思维，通过对象来突出框架本身的美，这里是指将对象作为辅体，框架作为主体。

想要拍摄框式构图的视频画面，就需要寻找到能够作为框架的物体，这就需要我们在日常生活中多仔细观察，留心身边的事物。图 9-12 所示为利用周围环境作为框架进行构图，能够增强视频画面的纵深感。

图 9-12 利用周围环境的框式结构进行构图示例

9.1.10 透视构图

透视构图是指视频画面中的某一条线或某几条线形成由近及远的延伸感，能使用户的视线沿着视频画面中的线条汇聚成一点。

在短视频的拍摄中，透视构图可以分为单边透视和双边透视。单边透视是指视频画面中只有一边带有由远及近形成延伸感的线条，能增强视频拍摄主体的立体感；双边透视则是指视频画面两边都带有由远及近形成延伸感的线条，能很好地汇聚大家的视线，使视频画面更具有动感和深意，如图9-13所示。

图9-13 双边透视构图示例

专家提醒

透视构图本身就有"近大远小"的规律，这些透视线条能让用户的眼睛沿着线条指向的方向看去，有引导用户视线的作用。拍摄透视构图的关键是找到有透视特征的事物，比如一条由近到远的马路、围栏或者走廊等。

9.1.11 中心构图

中心构图就是将拍摄主体放置在视频画面的中心位置进行拍摄，其最大的优点在于主体突出、明确，而且画面可以达到上下左右平衡的效果，更容易抓人眼球。

图9-14所示为采用中心构图拍摄的视频画面，其构图形式非常精练，在运镜的过程中始终将人物放在画面中间，用户的视线会自然而然地集中到主体上，从而

让视频想表达的内容一目了然。

图 9-14　中心构图示例

9.1.12　几何构图

几何构图主要是利用画面中的各种元素组合成一些几何形状，如圆形、矩形和三角形等，让作品更具形式美。

1. 圆形构图

圆形构图主要是利用拍摄环境中的正圆形、椭圆形或不规则圆形等物体来取景，可以给观众带来旋转、运动、团结一致和收缩的视觉美感，同时还能够产生强烈的向心力。图 9-15 所示为圆形构图示例。

图 9-15　圆形构图示例

2．矩形构图

矩形在生活中比较常见，如建筑外形、墙面、门框、窗框、画框和桌面等，如图 9-16 所示。矩形是一种非常简单的画框分割形态，用矩形构图能够让画面呈现出静止、安定和端庄的视觉效果。

图 9-16　矩形构图示例

3．三角形构图

三角形构图主要是指画面中有 3 个视觉中心，或者用 3 个点来安排景物构成一个三角形，这样拍摄的画面极具稳定性。三角形构图包括正三角形（坚强、踏实）、斜三角形（安定、均衡、灵活性）或倒三角形（明快、紧张感、有张力）等不同形式。

9.2　掌握拍摄打光技巧

虽然短视频的拍摄门槛不高，但是好的视频却不是那么容易就可以拍出来的。除了构图外，打光也是非常重要的一环，打光处理得好，你才能拍出优秀的短视频。摄影可以说就是光的艺术表现，如果想要拍到好作品，就必须把握住最佳影调，抓住瞬息万变的光线。

9.2.1　控制视频画面的影调

从光线的质感和强度上来区分，画面影调可以分为高调、低调、中间调，以及粗犷、细腻、柔和等。对于短视频来说，影调的控制也是相当重要的，它是短视频拍摄时常用的情绪表达方式，不同的影调能够给人带来不同的视觉感受。下面我们便来看一下各影调的主要特点。

（1）粗犷的画面影调：明暗过渡非常强烈，画面中的中灰色部分面积比较小，基本上不是亮部就是暗部，反差非常大，可以形成强烈的对比，画面视觉冲击力强。

（2）柔和的画面影调：在拍摄场景中几乎没有明显的光线，明暗反差非常小，被拍物体也没有明显的暗部和亮部，画面比较朦胧，给人的视觉感受非常舒服。

（3）细腻的画面影调：画面中的灰色占主导地位，明暗层次感不强，但比柔和的画面影调要稍好一些，而且也兼具了柔和的特点。通常要拍出细腻的画面影调，可以使用顺光、散射光等光线。

（4）高调画面光影：画面中以亮调为主导，暗调占据的面积非常小，或者几乎没有暗调，色彩主要为白色、亮度高的浅色以及中等亮度的颜色，画面看上去很明亮、柔和。

（5）中间调画面光影：画面的明暗层次、感情色彩等都非常丰富，细节把握也很好，不过其基调并不明显，可以用来展现独特的影调魅力，能够很好地体现短视频主体的细节特征。

（6）低调画面光影：暗调为画面的主体影调，受光面非常小，色彩主要为黑色、低亮度的深色以及中等亮度的颜色，在画面中留下大面积的阴影部分，呈现出深沉、黑暗的画面风格，会给用户带来深邃、凝重的视觉效果。

9.2.2　利用不同类型的光源

不管是阴天、晴天、白天、黑夜，都会存在光影效果，拍视频要有光，更要用好光。下面介绍 3 种不同的光源的相关知识，即自然光、人造光、现场光，让大家认识这 3 种常见的光源。

1. 自然光

自然光是指大自然中的光线，通常来自于太阳的照射，是一种热发光类型。自然光的优点在于光线比较均匀，而且照射面积也非常大，通常不会产生有明显对比的阴影。自然光的缺点在于光线的质感和强度不够稳定，会受到光照角度和天气因素的影响。图 9-17 所示为采用自然光拍摄的画面效果，可以看出这个莲蓬的自然光照射的面积非常大，而且明显的阴影对比较小。

2. 人造光

人造光主要是指利用各种灯光设备产生的光线效果，比较常见的光源类型有白炽灯、日光灯、节能灯以及 LED（Light-Emitting Diode，发光二极管）灯等，相关优缺点如图 9-18 所示。人造光的主要优势在于可以控制光源的强弱和照射角度，能够满足一些特殊的拍摄要求，从而增强画面的视觉冲击力。

图 9-17　采用自然光拍摄的画面效果

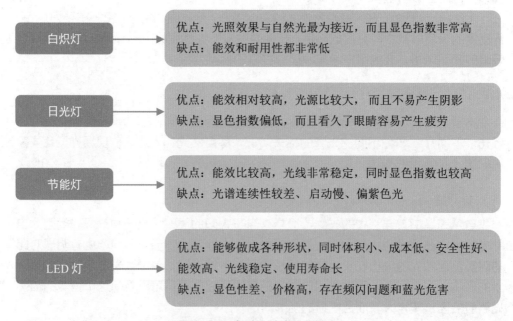

图 9-18　各种人造光的优缺点

图 9-19 所示为人造光图示例。人物旁边的台灯营造了一种复古的风格，照得人物也更加地柔和。

3．现场光

现场光主要是利用拍摄现场中存在的各种已有光源来拍摄产品视频，如路灯、建筑外围的灯光、舞台氛围灯、室内现场灯以及大型烟花晚会的光线等，这种光线可以更好地传递场景中的情调，而且真实感很强。图 9-20 所示为现场光图示例，可以看出图中的灯光是场景中已有的光源。

图 9-19　人造光图示例

图 9-20　现场光图示例

　　需要注意的是，运营者在拍摄时要尽可能地找到高质量的光源，避免画面模糊。光线是可以利用的，所以当环境光不能有效利用时，就可以尝试使用人造光源或现场光源，这也是一种十分有效的拍摄方法。

9.2.3　利用反光板控制光线

在室外拍摄模特或产品时，很多人会先考虑背景，其实光线才是首要因素，如果没有一个好的光线照到模特的脸上，再好的背景也是没用的。反光板是摄影中用来补光的常见设备，通常有 5 种颜色，作用也各不相同，如图 9-21 所示。

图 9-21　反光板

反光板的反光面通常采用优质的专业反光材料制作而成，反光效果均匀。骨架则采用高强度的弹性尼龙材料，轻便耐用，可以轻松折叠收纳。另外，运营者还可以选购一个可伸缩的反光板支架，能够安装各类反光板，而且还配有方向调节手柄，可以配合灯架使用，根据需求来调节光线的角度。

银色的反光板表面明亮且光滑，可以产生更为明亮的光，很容易映射到模特的眼睛里，从而拍出大而明亮的眼神光效果。在阴天或顶光环境下，现场人员可以直接将银色反光板放在模特的脸部下方，让它刚好位于镜头的视场之外，从而将顶光反射到模特脸上。

与银色反光板的冷调光线不同的是，金色反光板产生的光线会偏暖色调，通常可以作为主光使用。在明亮的自然光下逆光拍摄模特时，可以将金色反光板放在模特侧面或正面稍高的位置处，将光线反射到模特的脸上，不仅可以形成定向光线效果，而且还可以防止背景出现曝光过度的情况。

9.2.4　不同方向光线的特点

不同方向的光，有顺光、侧光、前侧光、逆光、顶光和底光，运营者可以灵活地运用不同方向的光。顺光就是指照射在被摄对象正面的光线，光源的照射方向和手机的拍摄方向基本相同，其主要特点是受光非常均匀，画面比较通透，不会产生非常明显的阴影，而且色彩也非常真实，拍摄效果如图9-22所示。

图9-22　顺光拍摄效果

前侧光是指从被摄对象的前侧方照射过来的光线，同时光源的照射方向与手机的拍摄方向形成45°左右的水平角度，画面的明暗反差适中，立体感和层次感都很不错，如图9-23所示。

图9-23　前侧光拍摄效果

侧光是指光源的照射方向与手机的拍摄方向呈90°左右的直角状态，因此被摄对象受光源照射的一面非常明亮，而另一面则比较阴暗，画面的明暗层次感分明，体现出一定的立体感和空间感。

顶光是指从被摄对象顶部垂直照射下来的光线，与手机的拍摄方向形成 90°左右的垂直角度，主体下方会留下比较明显的阴影，往往可以体现出立体感，同时也可以体现出分明的上下层次关系。

底光是指从被摄对象底部照射过来的光线，也称为脚光，通常为人造光源，容易形成阴险、恐怖、刻板的视觉效果。

逆光是指从被摄对象的后面正对着镜头照射过来的光线，可以产生明显的剪影效果，从而展现出被摄对象的轮廓线条，如图 9-24 所示。

图 9-24　逆光拍摄效果

9.2.5　选择合适的拍摄时机

在户外拍摄短视频时，自然光线是必备元素，因此我们需要花一些时间去等待拍摄时机，抓住"黄金时刻"来拍摄。同时，我们还需要具备极强的应变能力，快速作出合理的判断。当然，具体的拍摄时间要"因地而异"，在任何时间点都能拍出漂亮的短视频，关键就在于拍摄者对光线的理解和时机的把握了。

很多时候，光线的"黄金时刻"就那么一两秒钟，我们需要在短时间内迅速构图并调整机位进行拍摄。因此，在拍摄短视频前，如果你的时间比较充足，可以事先踩点确认好拍摄机位，这样在"黄金时刻"到来时，就不至于匆匆忙忙地再去做准备。

通常情况下，日出后的一小时和日落前的一小时是拍摄绝大多数短视频场景的"黄金时刻"，此时的太阳位置较低，光线非常柔和，能够表现出丰富的画面色彩，而且画面中会形成阴影，更有层次感，如图 9-25 所示。

图 9-25　日落前的"黄金时刻"拍摄效果

当然，并不是说这个"黄金时刻"就适合所有的场景。如图 9-26 所示，这个短视频并非拍摄于日出日落的"黄金时刻"，而是在中午时分拍摄的，能够更好地展现青绿色的草地和蓝天白云的场景，因此中午就是这个场景的最佳拍摄时机。

图 9-26　中午时分拍摄的视频画面

专家提醒

　　好的光线条件，对于短视频主题的表现和气氛的烘托来说至关重要，因此我们要善于在拍摄时等待时机和捕捉光线，这样做让画面中的光线更有意境。

9.2.6 人像类视频布光技巧

我们如今所说的光线，大多可以分为自然光与人造光。光线对于视频拍摄来说至关重要，同时其也决定着视频的清晰度。

对于人像类视频来说，合理的布光可以增强画面的层次感，同时还可以更好地强调故事性，吸引用户的目光并引起他们思考，去品味短视频主题中的内涵。

拍摄人像类短视频时，我们可以借助不同的光线类型和角度，来描述人物的形象特点，当然前提条件是你必须足够地了解光线，同时善于使用光线来进行短视频的创作。此外，我们还需要通过布光来塑造光型，即用不同方向的光源让人物形象形成一定的造型效果，具体方法如下。

（1）正光型：布光主要以顺光为主，就是指照射在人物正面的光线，其主要特点是受光非常均匀，画面比较通透，不会产生非常明显的阴影，而且色彩也非常亮丽。顺光可以让人物的整个脸部都非常明亮，且人物的线条更流畅、更具美感。

（2）侧光型：布光主要以正侧光、前侧光和大角度的侧逆光（即画面中看不到光源）为主，光源位于人物的左侧或右侧，受光源照射的一面非常明亮，而另一面则比较阴暗，画面的明暗层次感非常分明，可以体现出一定的立体感和空间感。

（3）逆光型：采用逆光或侧逆光拍摄，可以产生明显的剪影效果，从而展现出人物的轮廓，表现力非常强。在逆光状态下，如果光源向左右稍微偏移，就会形成小角度的侧逆光（即画面中能够看到光源），同样可以体现人物的轮廓。

（4）显宽光：采用"侧光＋反光板"的布光方式，同时让人物脸部的受光面向镜头转过来，这样脸部会显得比较宽阔，通常用于拍摄高调或中间调人像，适合瘦弱的人物使用。

（5）显瘦光：采用"前侧光＋反光板"的布光方式，同时让人物脸部的背光面向镜头转过来，这样在人脸部分的阴影面积就会更大，从而显得脸部更小。

9.2.7 建筑类视频布光技巧

在选择拍摄建筑类短视频的角度和机位高度时，运营者还需要观察光源的方向，不同的光源方向会带来不同的成像效果。我们可以寻找和利用建筑环境中的各种光线，在镜头画面中制造出光影感，让短视频的效果更加迷人。

拍摄建筑短视频常用的光线有前侧光、逆光、顶光和夜晚的霓虹灯光等类型。采用前侧光拍摄的建筑类短视频，建筑物背光面的一侧会产生阴影，能够突出建筑物的空间感和层次感。

逆光能够拍摄出建筑的剪影，更好地展现其外形轮廓，突出建筑的造型美感。顶光是指来自建筑物正上方的光线，能够为建筑主体提供均匀且充足的光线，突出建筑的独特形态之美，如图 9-27 所示。

图 9-27　采用顶光拍摄的建筑类短视频示例

　　在夜幕的衬托下，霓虹灯光可以很好地表现建筑上的霓虹闪烁景象，让画面看起来更加绚丽。图 9-28 所示为借助霓虹灯光拍摄的建筑类短视频，建筑上的各类霓虹灯光能够很好地体现建筑的造型美感和高度感。

图 9-28　借助霓虹灯光拍摄的建筑类短视频示例

成品制作篇

第 10 章

短视频后期剪辑制作

学前
提示

　　剪映 App 是抖音推出的一款视频剪辑软件，随着时代的发展，剪映 App 也在不断地更新与完善，功能也越来越强大，能够支持各种专业的剪辑功能，还提供了丰富的曲库、特效、转场以及视频素材等资源。本章将从认识剪映开始介绍剪映 App 的具体操作方法。

10.1 视频基础处理

剪映 App 是一款功能非常全面的手机剪辑软件，能够让大家在手机上轻松完成短视频剪辑。本节我们便来了解一下视频基础处理的相关技巧。

10.1.1 画布比例

【效果展示】在剪映 App 中，运营者可以根据自己的需求，设置视频画布比例，还可以为视频设置画面背景，让黑色背景变成彩色背景，如图 10-1 所示。

图 10-1　不同背景的效果展示

下面介绍在剪映 App 中设置比例和背景的操作方法。

步骤 01　在剪映 App 中导入相应的素材，点击"比例"按钮，如图 10-2 所示。

步骤 02　在比例工具栏中，选择 9：16 选项，如图 10-3 所示，将横屏改为竖屏。

图 10-2　点击"比例"按钮　　图 10-3　选择 9：16 选项

步骤 03 返回上一级工具栏，点击"背景"按钮，在二级工具栏中，点击"画布样式"按钮，如图 10-4 所示。

步骤 04 在"画布样式"面板中，选择一个样式，如图 10-5 所示，更换背景。

图 10-4　点击"画布样式"按钮　　　　图 10-5　选择样式

10.1.2　替换素材

【效果展示】替换素材功能能够帮助运营者快速替换掉视频轨道中不合适的视频素材。替换素材前后的效果如图 10-6 所示。

图 10-6　替换前后的效果展示

下面介绍使用剪映 App 替换视频素材的具体操作方法。

步骤01 在剪映 App 中导入两段视频素材，如图 10-7 所示。

步骤02 如果用户发现更适合的素材，可以选择需要替换的素材，然后点击"替换"按钮，如图 10-8 所示。

图 10-7 导入视频素材

图 10-8 点击"替换"按钮

步骤03 进入"照片视频"界面，选择需要替换的素材，如图 10-9 所示。

步骤04 执行操作后，即可替换素材，如图 10-10 所示。

图 10-9 选择需要替换的素材

图 10-10 替换素材

10.1.3 变速功能

【效果展示】变速功能能够改变视频的播放速度，让画面更具动感。可以看到播放速度随着背景音乐的变化时快时慢，画面效果如图 10-11 所示。

图 10-11 变速播放的效果展示

下面介绍在剪映 App 中对素材进行变速处理的操作方法。

步骤 01 在剪映 App 中导入一段视频素材，选择素材，然后在工具栏中点击"变速"按钮，如图 10-12 所示。

步骤 02 进入变速工具栏，点击"曲线变速"按钮，如图 10-13 所示。

图 10-12 点击"变速"按钮

图 10-13 点击"曲线变速"按钮

步骤 ⑬ 在"曲线变速"面板中，选择"蒙太奇"选项，如图 10-14 所示。

步骤 ⑭ 点击"点击编辑"按钮，在"蒙太奇"面板中，根据需要调整各个变速点的位置，如图 10-15 所示。

图 10-14 选择"蒙太奇"选项　　　图 10-15 调整各个变速点的位置

10.1.4 美颜美体

【效果展示】在剪映 App 的剪辑工具栏中，可以使用"美颜美体"功能中的"智能美颜"功能，对短视频中的人物进行磨皮和瘦脸等美化处理，让皮肤变得更加细腻，脸蛋也变得更娇小，效果如图 10-16 所示。

图 10-16 智能美颜的效果展示

下面介绍人物磨皮瘦脸的具体操作方法。

步骤 ⑪ 在剪映 App 中导入一段视频素材，点击"剪辑"按钮，如图 10-17 所示。

步骤 02 执行操作后，点击"美颜美体"按钮，如图 10-18 所示。

图 10-17 点击"剪辑"按钮　　　　图 10-18 点击"美颜美体"按钮

步骤 03 执行操作后，点击"美颜"按钮进入"智能美颜"界面，选择"磨皮"
选项，适当向右拖动滑块，使得人物的皮肤更加细腻，如图 10-19 所示。

步骤 04 执行操作后，点击"智能美型"按钮，界面默认为瘦脸，适当向右
拖动滑块，使得人物的脸型更加瘦削，如图 10-20 所示。

图 10-19 选择"磨皮"选项　　　　图 10-20 拖动滑块

10.1.5　添加特效

【效果展示】在剪映 App 中，添加氛围特效能够丰富短视频画面的内容，渲染视频气氛，效果如图 10-21 所示。

图 10-21　特效展示

下面介绍在剪映 App 中为视频添加氛围特效的操作方法。

步骤 01　在剪映 App 中导入一段视频素材，拖动时间轴至合适位置，点击"特效"按钮，如图 10-22 所示。

步骤 02　进入特效工具栏，点击"画面特效"按钮，如图 10-23 所示。

图 10-22　点击"特效"按钮　　**图 10-23　点击"画面特效"按钮**

步骤 03　进入特效库，切换至"氛围"选项卡，选择"春日樱花"特效，如图 10-24 所示。

步骤 ④ 点击 ✓ 按钮，即可添加"春日樱花"特效，如图 10-25 所示。

图 10-24　选择"春日樱花"特效

图 10-25　添加"春日樱花"特效

10.2　背景音乐音效

音频是短视频中非常重要的元素，选择好的背景音乐或者语音旁白，能够让你的作品更容易上热门。本节主要介绍短视频配音的处理技巧，帮助大家快速学会处理后期音频。

10.2.1　添加音乐

【效果展示】剪映 App 具有非常丰富的背景音乐曲库，而且还有十分细致的分类，用户可以根据自己的视频内容或主题来快速选择合适的背景音乐。视频画面效果如图 10-26 所示。

图 10-26　视频画面效果展示

下面介绍在剪映 App 中为短视频添加音乐的操作方法。

步骤① 在剪映 App 中导入一段视频素材，点击"关闭原声"按钮，如图 10-27 所示。

步骤② 在工具栏中点击"音频"按钮，如图 10-28 所示。

图 10-27 点击"关闭原声"按钮　　图 10-28 点击"音频"按钮

步骤③ 在二级工具栏中，点击"音乐"按钮，如图 10-29 所示。

步骤④ 选择相应的音乐类型，例如选择"纯音乐"选项，如图 10-30 所示。

图 10-29 点击"音乐"按钮　　图 10-30 选择"纯音乐"选项

步骤⑤ 在音乐列表中选择合适的背景音乐，即可进行试听，点击"使用"按钮，如图 10-31 所示。

步骤 06 执行操作后，即可将音乐添加到音频轨道中，向右拖动时间轴至 1s 左右的位置，调整音乐的开始片段，如图 10-32 所示。执行操作后，拖动音乐至顶端与视频对齐。

图 10-31　点击"使用"按钮　　　　**图 10-32　拖动时间轴**

步骤 07 将时间轴拖动至视频素材的结束位置，点击"分割"按钮，如图 10-33 所示。

步骤 08 选择分割后多余的音乐片段，点击"删除"按钮，如图 10-34 所示，将多余的片段删除。

图 10-33　点击"分割"按钮　　　　**图 10-34　点击"删除"按钮**

10.2.2　添加音效

【效果展示】剪映 App 中还提供了很多有趣的音效，用户可以根据短视频的情境来增加音效，添加音效后可以让画面更具感染力。视频画面效果如图 10-35 所示。

图 10-35　视频画面展示

下面介绍在剪映 App 中给短视频添加音效的操作方法。

步骤 01　在剪映 App 中导入一段视频素材，点击"添加音频"按钮，如图 10-36 所示。

步骤 02　在二级工具栏中，点击"音效"按钮，如图 10-37 所示。

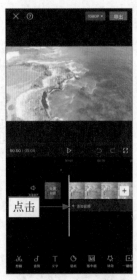

图 10-36　点击"添加音频"按钮

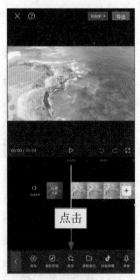

图 10-37　点击"音效"按钮

步骤 03　切换至"环境音"选项卡，选择"海浪"选项，即可进行试听，如

图 10-38 所示。

步骤 04 点击"使用"按钮,即可将其添加到音效轨道中,如图 10-39 所示。

图 10-38 选择"海浪"选项　　　图 10-39 添加音效

步骤 05 将时间轴拖动至视频素材的结束位置,选择添加的音效,点击"分割"按钮,如图 10-40 所示。

步骤 06 选择分割后多余的音效片段,点击"删除"按钮,如图 10-41 所示。

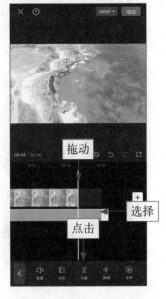

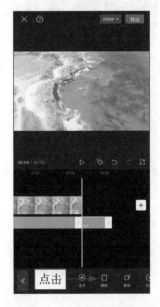

图 10-40 点击"分割"按钮　　　图 10-41 点击"删除"按钮

10.2.3 提取音乐

【效果展示】如果用户看到其他背景音乐好听的短视频，可以将其保存到手机上，并通过剪映 App 来提取短视频中的背景音乐，将其应用到自己的短视频中。视频画面效果如图 10-42 所示。

图 10-42　视频画面效果展示

下面介绍从短视频中提取背景音乐的操作方法。

步骤 01　在剪映 App 中导入一段视频素材，点击"音频"按钮，如图 10-43 所示。

步骤 02　在二级工具栏中点击"提取音乐"按钮，如图 10-44 所示。

图 10-43　点击"音频"按钮

图 10-44　点击"提取音乐"按钮

步骤 03 进入"照片视频"界面，选择需要提取背景音乐的短视频，点击"仅导入视频的声音"按钮，如图 10-45 所示。

步骤 04 执行操作后，即可提取音频，选择音频并拖动其右侧的时间轴，调整其时长与视频时长一致，如图 10-46 所示。

图 10-45　点击相应按钮

图 10-46　调整音频时长

10.3　视频后期调色

色彩能够影响视频的质感，灰蒙蒙、低饱和度的视频画面会让用户兴致大减，而色彩亮丽、画面精美的视频能够获得更多人的关注，因此在电影、电视剧以及短视频中，调色都是后期处理中必不可少的一步。

本节主要为大家介绍 3 种非常实用的色调调色方法，希望大家能举一反三，从而掌握调色的核心要点。

10.3.1　黑金色调

【效果展示】黑金色调绚丽而又有神秘感，色调以黑色和金色为主，调色思路是把橙色往金色调，其他色调都降低饱和度至最低，效果如图 10-47 所示。

下面介绍在剪映 App 中调出黑金色调的操作方法。

步骤 01 在剪映 App 中导入一段视频素材，拖动时间轴至 2s 位置处，点击"分割"按钮，如图 10-48 所示。

图 10-47 黑金色调效果展示

步骤 02 选择分割的后半段，点击"调节"按钮，如图 10-49 所示。

图 10-48 点击"分割"按钮　　　图 10-49 点击"调节"按钮

步骤 03 进入"调节"选项卡，选择 HSL 选项，如图 10-50 所示。

步骤 04 进入 HSL 面板，选择红色选项 ，拖动"饱和度"滑块至 -100，降低红色色彩的饱和度，如图 10-51 所示。使用同样的方法，设置绿色、青色、蓝色、紫色和洋红色选项的"饱和度"参数都为 -100，去除不需要的色彩。

图 10-50　选择 HSL 选项　　　图 10-51　拖动"饱和度"滑块

步骤 05　选择橙色选项，拖动"色相"滑块至 50、拖动"饱和度"滑块为 100，将橙色变成金色，如图 10-52 所示。

步骤 06　点击按钮返回一级工具栏，点击"特效"按钮，如图 10-53 所示。

图 10-52　拖动相应滑块　　　图 10-53　点击"特效"按钮

步骤 07　进入二级工具栏，点击"画面特效"按钮，在"自然"选项卡中，选择"孔明灯"特效，如图 10-54 所示。

步骤 08　点击按钮，即可添加"孔明灯"特效，拖动时间轴调整特效时长，如图 10-55 所示。

图 10-54　选择"孔明灯"特效　　　图 10-55　调整特效时长

10.3.2　蓝橙色调

【效果展示】蓝橙色调是一种由蓝色和橙色组成的色调，调色后的视频画面整体呈现蓝、橙两种颜色，一个冷色调，一个暖色调，色彩对比非常鲜明，如图 10-56 所示。

图 10-56　蓝橙色调效果展示

下面介绍在剪映 App 中调出蓝橙色调的操作方法。

步骤 01　在剪映 App 中导入一段视频素材，点击"调节"按钮，如图 10-57 所示。

步骤 02　进入"调节"选项卡，选择 HSL 选项，如图 10-58 所示。

图 10-57　点击"调节"按钮　　　图 10-58　选择 HSL 选项

步骤 03　进入 HSL 面板，选择黄色选项 ，拖动"色相"滑块至最左侧，将黄色变为橙色，如图 10-59 所示。

步骤 04　选择绿色选项 ，拖动"饱和度"滑块至最左侧，降低绿色色彩，使其变为灰白色，如图 10-60 所示。

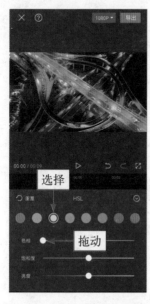

图 10-59　拖动"色相"滑块（1）　　图 10-60　拖动"饱和度"滑块（1）

步骤 ⑤ 选择青色选项⚪，拖动"色相"滑块至 20，将青色变成蓝色，如图 10-61 所示。

步骤 ⑥ 选择蓝色选项⚪，拖动"饱和度"滑块至最右侧，加强蓝色色彩浓度，如图 10-62 所示。

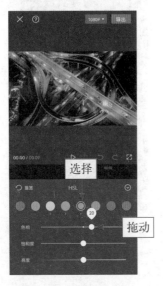 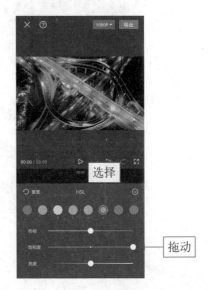

图 10-61　拖曳"色相"滑块（2）　　图 10-62　拖曳"饱和度"滑块（2）

10.3.3　粉紫色调

【效果展示】粉紫色调非常适合用在夕阳视频中，能让天空看起来特别梦幻，调色要点也是突出粉色和紫色，如图 10-63 所示。

图 10-63　粉紫色调效果展示

下面介绍在剪映 App 中调出粉紫色调的操作方法。

步骤 ① 在剪映 App 中导入一段视频素材，选择视频，点击"滤镜"按钮，如图 10-64 所示，即可进入"滤镜"选项卡。

步骤 02 在"风景"选项区中，选择"暮色"滤镜，如图 10-65 所示。

图 10-64 点击"滤镜"按钮　　　图 10-65 选择"暮色"滤镜

步骤 03 在"调节"选项卡中，设置"对比度"参数为 -7、"饱和度"参数为 10、"光感"参数为 10、"色温"参数为 -50、"色调"参数为 20，部分参数设置如图 10-66 所示，调出粉紫色调，让画面整体细节看起来更佳。

图 10-66 设置相关参数

第 11 章

高打开率的封面设计

学前提示

在许多短视频平台中，用户观看一个短视频时，首先看到的就是该短视频的封面。因此，设计一个抓人眼球的封面尤为重要，毕竟只有将封面设计好了，才能吸引更多人点击查看你的短视频内容。

11.1　最佳的短视频封面图片

封面对于一个短视频来说是至关重要的，很多时候用户最先看到的都是视频的封面，因此许多用户都会根据封面呈现的内容，然后再决定要不要点击查看该短视频的内容。

那么，如何为短视频选择最佳的封面图片呢？笔者认为大家重点可以从内容、账号和平台这3个方面进行考虑，本节主要介绍短视频封面的选取原则。

11.1.1　选择与内容相关的封面

如果将一个短视频比作一篇文章，那么短视频的封面就相当于文章的标题。所以，运营者在选择短视频封面时，一定要考虑封面图片与短视频的关联性。如果你的短视频封面与内容的关联性太弱，那么就会让人觉得文不对题。在这种情况下，用户看完短视频之后，自然就会生出不满情绪，甚至会产生厌恶感。

其实，根据与内容的关联性选择短视频封面的方法很简单，运营者只需要根据短视频的主要内容选择能够代表主题的文字和画面即可。

图11-1所示为一个美食制作的抖音视频内容。从图中可以看出，该账号的封面直接呈现的是制作完成的各种美食的效果，而且还在封面中显示了每道美食的具体名称。这样一来，用户在看到封面之后就能大致判断出这个短视频是要展示什么美食的制作过程了。

图11-1　根据与内容的关联性选择的封面图示例

11.1.2　选择符合账号风格的封面

一些短视频账号在经过一段时间的运营之后，在短视频封面的选择上可能已经形成了自己的风格特色，而他们的粉丝也乐于接受这种风格特色，甚至部分粉丝还表现出对这种封面风格的喜爱。那么，运营者在选择短视频封面时就可以延续自身的风格特色，即根据自己以往的风格特色来选择短视频封面图片。

图 11-2 所示为一位插画师的抖音号，可以看到他发布的短视频封面基本都是自己所创作出来的插画，风格非常统一，而且每个插画后面还有着一段独特的故事，有助于增加内容的说服力以及形成个性化的人设。

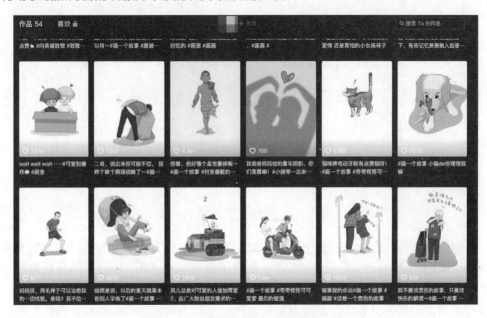

图 11-2　风格统一的短视频封面示例

11.1.3　选择符合平台规则的封面

许多短视频平台都有自己的规则，有的短视频平台甚至将这些规则整理成文档进行了展示。对于运营者来说，要想更好地运营短视频账号，就应该遵守平台的规则。

通常来说，各大短视频平台中会通过规则的制定，对短视频运营者在平台上的各种行为进行规范。运营者可以从规则中找出与短视频封面相关的内容，并在选择短视频封面时将相关规则作为重要的参考依据。

以抖音平台为例，它制定了《"抖音"用户服务协议》，该协议包含的内容比较丰富。运营者在选择或制作短视频封面时，可以重点参考该协议中的第5.2.3条（即在抖音中不能制作、复制、发布和传播的内容）和第 6 条（即"抖音"信息内容使用规范）规则的相关内容，如图 11-3 所示。

"抖音"用户服务协议

5.2.3您制作、评论、发布、传播的信息（包括但不限于随拍或上传至"抖音"平台的未公开的私密视频）应自觉遵守法律法规、社会主义制度、国家利益、公民合法权益、社会公共秩序、道德风尚和信息真实性等"七条底线"要求，否则公司有权立即采取相应处理措施。您同意并承诺不制作、复制、发布、传播下列信息：

（1）反对宪法确定的基本原则的；

（2）危害国家安全，泄露国家秘密的；

（3）颠覆国家政权，推翻社会主义制度，煽动分裂国家，破坏国家统一的；

（4）损害国家荣誉和利益的；

（5）宣扬恐怖主义、极端主义的；

（6）宣扬民族仇恨、民族歧视，破坏民族团结的；

（7）煽动地域歧视、地域仇恨的；

（8）破坏国家宗教政策，宣扬邪教和封建迷信的；

（9）编造、散布谣言、虚假信息，扰乱经济秩序和社会秩序、破坏社会稳定的；

（10）散布、传播淫秽、色情、赌博、暴力、凶杀、恐怖或者教唆犯罪的；

（11）危害网络安全、利用网络从事危害国家安全、荣誉和利益的；

（12）侮辱或者诽谤他人，侵害他人合法权益的；

（13）对他人进行暴力恐吓、威胁，实施人肉搜索的；

（14）涉及他人隐私、个人信息或资料的；

"抖音"用户服务协议

6."抖音"信息内容使用规范

6.1未经公司书面许可，任何用户、第三方均不得自行或授权、允许、协助他人对"抖音"软件及相关服务中信息内容进行如下行为：

（1）复制、读取、采用"抖音"软件及相关服务的信息内容，用于包括但不限于宣传、增加阅读量、浏览量等商业用途；

（2）擅自编辑、整理、编排"抖音"软件及相关服务的信息内容后在"抖音"软件及相关服务的源页面以外的渠道进行展示；

（3）采用包括但不限于特殊标识、特殊代码等任何形式的识别方法，自行或协助第三人对"抖音"软件及相关服务的信息内容产生流量、阅读量引导、转移、劫持等不利影响；

（4）其他非法获取或使用"抖音"软件及相关服务的信息内容的行为。

6.2未经公司书面许可，任何用户、第三方不得以任何方式（包括但不限于盗链、冗余盗取、非法抓取、模拟下载、深度链接、假冒注册等）直接或间接盗取"抖音"软件及相关服务的视频、图文等信息内容，或以任何方式（包括但不限于隐藏或者修改域名、平台特有标识、用户名等）删除或改变相关信息内容的权利管理电子信息。

6.3经公司书面许可后，用户、第三方对"抖音"软件及相关服务的信息内容的分享、转发等行为，还应符合以下规范：

（1）对抓取、统计、获得的相关搜索热词、命中率、分类、搜索量、点击率、阅读量等相关数据，未经公司事先书面同意，不得将上述数据以任何方式公示、提供、泄露给任何第三人；

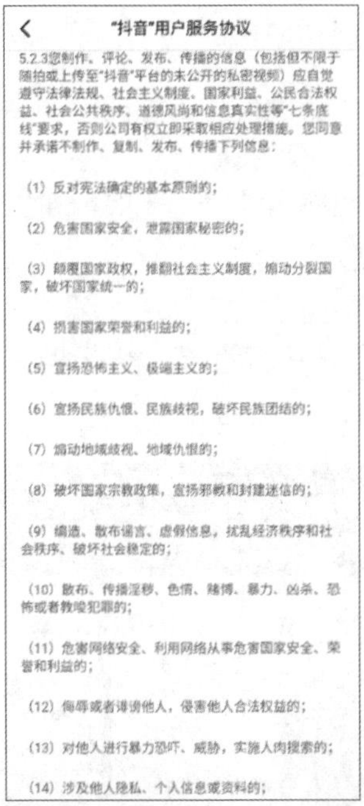

图 11-3 《"抖音"用户服务协议》中的部分规则

11.2 热门短视频的 6 种封面

短视频的封面相当于一篇文章的开篇，主要作用是吸引用户的注意力。封面是用户了解短视频内容的第一个画面，一个短视频封面的好坏，决定了其是否具有上热门的潜质。

其实，短视频封面的设置是有章可循的，本节将介绍热门短视频常用的 6 种封面形式，帮助运营者快速找出有爆款短视频潜质的封面图。

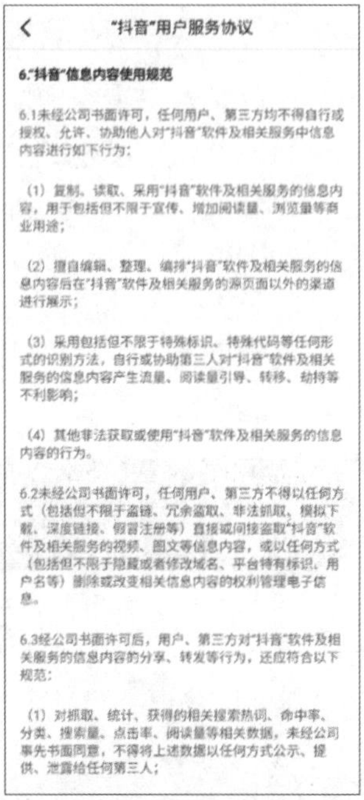

11.2.1 "悬念"封面形式

"悬念"封面形式主要是通过在短视频封面图上设置一些充满悬念的场景或画面，让用户对于短视频内容的最后结果产生迫切想要了解的心理。

"悬念"封面形式可以增强用户进一步了解短视频内容的欲望，同时内容也需要做到有因有果，必须给用户提供答案，不能哗众取宠。图 11-4 所示为在短视频封面中设置悬念的相关技巧。

另外，需要注意的是，"悬念"式封面图通常是内容中的某一帧画面，而不是与内容完全不相关的画面，同时该封面会给用户带来有故事性的剧情和出人意料的结果。当然，封面图只是吸引用户点击查看内容的重要元素之一，最终用户是否会关注你，还要取决于运营者的人设定位和内容的优质程度。

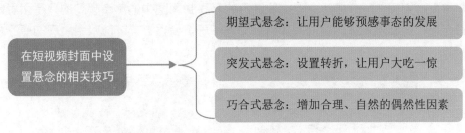

期望式悬念：让用户能够预感事态的发展

突发式悬念：设置转折，让用户大吃一惊

在短视频封面中设置悬念的相关技巧

巧合式悬念：增加合理、自然的偶然性因素

图 11-4　在短视频封面中设置悬念的相关技巧

11.2.2　"效果"封面形式

"效果"封面形式主要是通过对封面图进行美化处理或创意设计，制作出让用户眼前一亮的画面效果。这种封面形式常见于美食、摄影、旅行类短视频中，如图 11-5 所示。

图 11-5　"效果"封面形式的相关示例

"效果"封面形式可以有效地增强用户点开视频的欲望，从而吸引更多人观看短视频。需要注意的是，在选择这种类型的封面图时，应选择最美、最酷、最炫的画面，同时搭配合适的文案内容来点明主题。

11.2.3　"借势"封面形式

"借势"封面形式采用的是一种"借花献佛"的方法，通过借助有流量的热点事件、名人名言等元素，将其作为封面中的主打元素，让短视频封面自带流量，从而快速吸引用户注意。

运营者在制作"借势"型封面图时，可以参考"抖音热榜"，这些热点的流量都非常大，如图 11-6 所示。但需要注意的是，封面图中的热点起到的只是引导内容的作用，因此短视频内容需要能够给用户带来价值，这样才能吸引用户的点赞和关注。

图 11-6　"抖音热榜"的部分榜单

11.2.4　"猎奇"封面形式

"猎奇"封面形式主要是通过利用用户的好奇心理，在封面图中加入一些新鲜、新奇的元素，激发用户寻觅、探究短视频内容的欲望，相关示例如图 11-7 所示。

图 11-7　"猎奇"封面形式的相关示例

例如，在上面这个短视频中，将一只会开汽车的猫作为封面，人们对这种有趣的事情总想一探究竟，从而起到夺人眼球的效果。

在制作"猎奇"式封面图时，运营者可以利用未知世界或各种新事物，给用户带来新鲜感，将用户带入到特定的情境中，让他们迫不及待地想要去短视频中揭秘这些未知事物的真相。"猎奇"式封面图非常适合作为影视类、探险类、旅行类、三农类等短视频的封面。

当然，封面只是一个引子，运营者还需要在短视频中将这些未知事物的前因后果讲清楚，让短视频具有一定的知识性和价值性，给用户带来更好的体验，这样更容易吸引到用户的点赞、关注和分享。

11.2.5 "故事"封面形式

"故事"封面形式主要是通过有故事性的背景图和文案内容来感染用户的内心，调动他们的情绪，从而达到共鸣的目的。这种封面形式非常适合剧情类或 Vlog 类的短视频，相关示例如图 11-8 所示。

图 11-8 "故事"封面形式的相关示例

在上面这些短视频中，采用的便是典型的"故事"封面形式，通过场景化的片段记载，用爱情故事来感染和打动用户。

11.2.6 "瞬间"封面形式

"瞬间"封面形式是指通过选取短视频中最为精彩的一瞬间画面作为封面图，达到吸引用户眼球的目的。这种封面形式，常用于体育类、技能类、舞蹈类短视频的封面，相关示例如图 11-9 所示。

图 11-9　"瞬间"封面形式的相关示例

上面这个短视频中选取的便是篮球运动员打篮球时的各种画面作为封面图，这些画面很容易让人情绪高涨、热血澎湃，进而吸引用户点击观看视频内容。

11.3　短视频封面的制作技巧

因为大多数用户会根据短视频的封面决定是否查看具体的内容，所以运营者在制作短视频封面图时，一定要尽可能地让图片看起来更加高大上。为此，运营者需要了解并掌握制作短视频封面的一些技巧。

11.3.1　尽量多使用原创图片

这是一个越来越注重原创的时代，无论是短视频，还是短视频的封面，都应该尽可能地体现原创。这主要是因为人们每天接收到的信息非常多，而对于重复出现的内容，大多数人都不会太感兴趣。所以，如果你的短视频封面不是原创的，那么用户可能会根据短视频封面判断其对应的短视频他已经看过了，这样一来，短视频的点击率就难以得到保障了。

其实，要做到使用原创短视频封面这一点很简单，因为绝大多数运营者拍摄或上传的短视频内容都是自己制作的，运营者只需从短视频中随意选择一个画面作为短视频封面，基本上就能保证短视频封面的原创性。

当然，为了更好地显示短视频封面的原创性，运营者还可以对短视频封面进行一些处理。比如，可以在封面上加上一些能够体现原创的文字，如原创、自制等，如图 11-10 所示。这些文字虽然是对整个短视频的说明，但用户看到之后，也能马上明白包括封面在内的所有短视频内容都是运营者原创制作的。

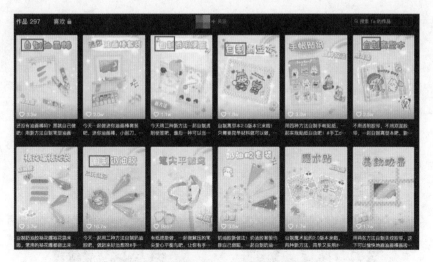

图 11-10 使用原创文字的短视频封面

11.3.2 带有超级符号的标签

标签属于一种超级符号，比如一些知名品牌的 Logo，我们只要一看就知道它代表的是哪个品牌。图 11-11 所示为"小米手机"抖音号发布的一些短视频，其封面中就加入了小米的品牌 Logo。

图 11-11 "小米手机"抖音号发布的一些短视频

相对于纯文字的说明，带有超级符号标签的封面在表现上更具张力，也更能让用户快速把握重点信息。因此，在制作短视频封面时，运营者可以尽可能地使用超级符号来吸引用户的关注。

11.3.3 有效传达出文案信息

在短视频封面的制作过程中，如果文字说明运用得好，也能起到画龙点睛的作用。然而，现实却是许多运营者在制作短视频封面时，对于文字说明的运用还存在一些问题，主要体现在以下两个方面。

（1）文字说明使用过多。封面上的文字信息占了很大部分，或者重复出现了相同的文案内容，如图 11-12 所示。这种文字说明方式，不仅会增加用户阅读文字信息的时间，而且文字说明已经包含了短视频要展示的全部内容，用户看完短视频封面之后，甚至都没有必要再去查看具体的短视频内容了。

图 11-12　封面上重复出现相同的文案内容的视频示例

（2）在短视频封面中干脆不进行文字说明，如图 11-13 所示。这种封面虽然更能保持画面的美观，但是许多用户看到封面之后，却不能准确地判断这个短视频展示的具体内容是什么。

图 11-13　封面上没有任何文案内容的视频示例

其实，要运用好文字说明也很简单，运营者只需尽可能地用简练的文字进行表达，有效地传达信息即可。如图 11-14 所示，在这个短视频的封面图中，通过设置充满悬念的标题文字"把水变成杯子"，并给出了具体的答案文字"冰杯模具"，让用户忍不住想要点开短视频，看看他是如何实现的。

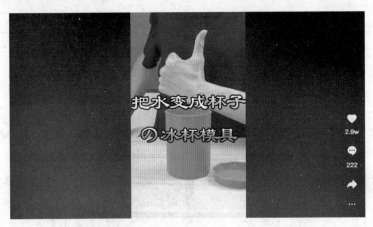

图 11-14 文字说明运用得当的短视频封面示例

11.3.4 展现内容的最大看点

许多运营者在制作短视频封面时，会直接从短视频中选取画面作为封面图。这时运营者需要特别注意一点，那就是不同景别的画面，显示的效果会有很大的不同。

运营者在选择短视频封面时，应该选择展现短视频最大看点的景别，让用户能够快速把握重点。图 11-15 所示为某个短视频中的两个画面，可以看到这两个画面在景别上存在很大的区别。

图 11-15 某短视频中的两个画面

左图的画面用的是大远景，而右图的画面用的则是全景。从短视频的文字说明可以看出，其内容重点是说明"雪天行车"的场景。相比之下，全景更能清楚地展示雪中行驶的车辆动态，所以右图的画面更适合做该短视频的封面。

11.3.5 用构图提升封面美感

同样的主体，以不同的构图方式拍摄出来，其呈现的效果也可能会存在较大的差异。而对于运营者来说，一个具有美感的短视频封面无疑更能吸引用户的目光。因此，运营者在制作短视频封面时，应选择合适的构图方式来呈现主体，让短视频画面更具美感。

图 11-16 所示为不同构图风格的两个短视频封面。第一张图中的短视频封面呈现的元素太多，让人看得眼花缭乱，难以把握具体的主体，而且这些视频的整个封面看上去缺少美感，可以说在构图方面，这些封面都存在着许多不足。

图 11-16　不同构图风格的短视频封面

而第二张图片中的短视频封面则是用统一的一个构图方式呈现，用户只要一看短视频封面就能快速把握主体，知道这些视频的内容是什么。因此，相比之下，第二张图片中的短视频封面在构图方面要比第一张图片中的更好些。

专家提醒

　　除了画面中事物的数量之外，在构图时还需要选择合适的角度。如果角度选择不好，画面看起来可能就会有一些怪异。

11.3.6　用色彩强化视觉效果

　　越是鲜艳的色彩，通常就越容易吸引人的目光。因此，运营者在制作短视频封面时，应尽可能地让画面的颜色更好地呈现出来，让整个短视频封面的视觉效果更好一些。

　　图 11-17 所示为两个做菜短视频的封面，如果将这两张图中的封面作为短视频的封面，那么下面的视频封面对用户的吸引力会更强一些。这主要是因为上面的视频封面在拍摄时光线有些不足，色彩显得很暗淡；而在下面的视频封面中，光线非常充足，画面色彩看上去更鲜艳，视觉效果更好。

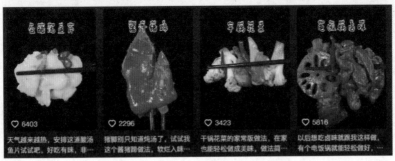

图 11-17　两个做菜短视频的封面

11.3.7　注意图片尺寸的大小

　　在制作短视频封面时，一定要注意图片尺寸的大小。如果图片太小，那么呈现出来的内容可能会不太清晰。遇到图片不够清晰的情况，运营者最好重新制作图片，甚至是重新拍摄新的短视频，因为清晰度会直接影响用户观看图片和短视频内容的感受，而高清的封面图则会吸引更多的用户，如图 11-18 所示。

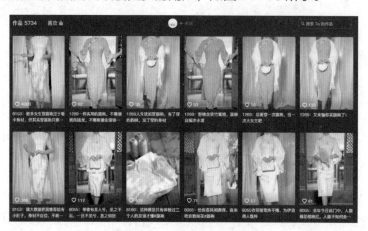

图 11-18　高清的短视频封面

一般来说，各大短视频平台对于封面图片的大小都有一定的要求。例如，抖音平台对于短视频封面图片的大小要求为 540×960 分辨率。在制作短视频封面时，运营者只需根据平台的要求选择合适大小的图片即可。

11.3.8　设置封面的标题样式

以抖音为例，运营者在设计短视频的封面图时，还可以添加相应的标题和设置样式效果，具体操作方法如下。

步骤 01 拍摄或上传一段短视频素材，进入视频编辑界面，点击"下一步"按钮，如图 11-19 所示。

步骤 02 执行操作后，进入"发布"界面，在封面图下方点击"选封面"按钮，如图 11-20 所示。

步骤 03 执行操作后，进入封面设置界面，默认封面为视频的第 1 帧，如图 11-21 所示。

步骤 04 在视频轨道上拖动红色的框，即可选择封面，如图 11-22 所示。

步骤 05 在"标题"选项卡中，可以点击"自定义"按钮添加自定义的标题文案，也可以直接选择系统推荐的标题文案，如图 11-23 所示。

步骤 06 执行操作后，点击"样式"标签，即可切换至"样式"选项卡，如图 11-24 所示。

步骤 07 选择相应的样式，即可改变标题文案的样式效果，如图 11-25 所示。

步骤 08 调整文案位置，点击"保存"按钮，即可改变短视频的封面样式效果，如图 11-26 所示。

图 11-19　点击"下一步"按钮

图 11-20　点击"选封面"按钮

图 11-21　默认封面

图 11-22　选择封面

图 11-23　选择系统推荐的标题文案

图 11-24　切换至"样式"选项卡

图 11-25　选择相应的样式

图 11-26　改变短视频的封面样式效果

第 12 章
短视频成品制作示例

学前
提示

　　短视频编导的内容非常多，前面的章节主要为大家讲述各种短视频的制作技巧，本章便来给大家简单地梳理一下短视频成品制作的基本流程，帮助大家流畅地完成整个视频的制作。

12.1 视频制作前期准备

新手在制作一个短视频之前，还需要做一系列的前期准备，如前面章节说到过的选题、内容构思、脚本写作等，这些都是非常重要的内容。此外，前期还有一些需要新手准备的，分别是拍摄意图、平台选择、账号准备等，本节便来介绍一下这些方面的具体内容。

12.1.1 拍摄意图

在制作短视频前，你需要确定自己制作短视频是为了什么，如为了获得流量，为了能够带货变现，为了打造个人 IP，为了个人爱好。目的不同，制作的短视频的侧重点也就不同。

图 12-1 所示为打造个人 IP 的短视频，该短视频的内容风格统一，都是创意 DIY 制作的短视频，这样的内容风格能很好地打造一个突出的个人 IP。

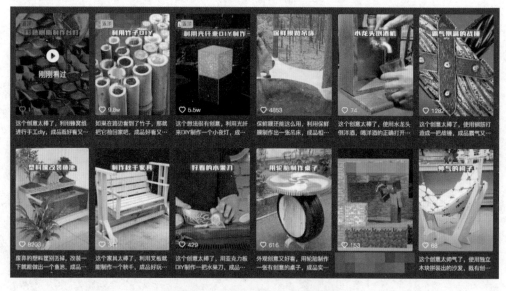

图 12-1　打造个人 IP 的短视频

12.1.2 平台选择

目前，短视频平台有很多，主流的是抖音、快手、西瓜视频等，你可以看自己做的短视频的内容以及侧重点是什么，然后根据各个平台的调性选择合适的短视频平台。如果你无法确定的话，可以先选择几个平台同时进行，这样你的作品火起来的几率也会大一些。

在第 1 章的时候就已经介绍过常见的短视频平台，这里就不再赘述了。

12.1.3 账号准备

在选择好平台之后，便要开通账号了，毕竟没有账号便发布不了短视频。一般来说，在注册好账号之后是需要进行养号的，主要是因为有的短视频平台会对新账号制定一个考核期。养号的主要内容是刷短视频，还可以进行评论、点赞、分享等，时间通常为 5 ～ 7 天。

12.2 视频制作后期剪辑

本节主要介绍综合案例《长沙夜景》视频的制作流程，帮助大家进一步了解剪映 App 制作视频的流程，从而制作出属于自己的短视频。

12.2.1 制作片头

在正式进行视频制作之前，可以先设置一个有特色、有个性的片头，能让你的短视频更具有个人的特色，下面介绍具体的制作方法。

步骤 01 在剪映 App 的"素材库"|"片头"选项区中，选择一段片头素材，点击"添加"按钮，如图 12-2 所示。

步骤 02 将片头素材添加到视频轨道中，如图 12-3 所示。

图 12-2 点击"添加"按钮

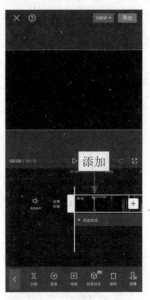
图 12-3 添加片头

步骤 03 选择片头素材，拖动时间轴至 4s 位置处，点击"分割"按钮，如图 12-4 所示。

步骤 04 选择分割的后半段素材，点击"删除"按钮，如图 12-5 所示。

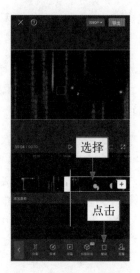

图 12-4 点击"分割"按钮　　　　　**图 12-5 点击"删除"按钮**

步骤 ⑤ 删除片段后，拖动时间轴至开始位置处，点击"文字"和"文字模板"按钮，如图 12-6 所示。

步骤 ⑥ 在"文字模板"选项卡的"片头标题"选项区中，选择一个文字模板，修改文字内容，调整文字的大小，如图 12-7 所示。调整文本的时长与视频时长一致，并为其添加相应的动画和音效，点击"导出"按钮，将片头视频导出备用。

图 12-6 点击"文字模板"按钮　　　**图 12-7 调整文字的大小**

12.2.2 水墨转场

水墨转场是"遮罩转场"选项卡中的一种转场效果，下面介绍使用剪映 App

为延时视频添加水墨转场的操作方法。

步骤 01　在剪映 App 中导入视频素材，在视频轨道中，点击两个视频之间的转场按钮 ┃，如图 12-8 所示。

步骤 02　进入"转场"面板，切换至"叠化"选项卡，选择"水墨"效果，将转场时长设置为 0.1s。点击"全局应用"按钮，如图 12-9 所示。

图 12-8　点击转场按钮

图 12-9　点击相应按钮

12.2.3　添加音乐

搜索音乐可以更加精准地找到需要的背景音乐，下面介绍使用剪映 App 搜索音乐的操作方法。

步骤 01　拖动时间轴至视频轨道的起始位置，点击"音频"按钮，如图 12-10 所示。

步骤 02　进入二级工具栏，点击"音乐"按钮，如图 12-11 所示。

步骤 03　进入"添加音乐"界面，选择"卡点"选项，如图 12-12 所示，选择合适的背景音乐进行试听。

步骤 04　点击"使用"按钮，如图 12-13 所示。

图 12-10 点击"音频"按钮

图 12-11 点击"音乐"按钮

图 12-12 选择"卡点"选项

图 12-13 点击"使用"按钮

步骤 05 选择添加的背景音乐，点击"踩点"按钮，如图 12-14 所示。

步骤 06 进入"踩点"面板，点击"自动踩点"按钮，选择"踩节拍 | "选项，如图 12-15 所示。

图 12-14　点击"踩点"按钮

图 12-15　选择"踩节拍丨"选项

步骤 07　拖动时间轴至第 1 个节拍点的位置，点击"- 删除点"按钮，如图 12-16 所示。

步骤 08　执行操作后，即可将多余的节拍点删除，如图 12-17 所示。

图 12-16　点击"删除点"按钮

图 12-17　删除多余的节拍点

12.2.4 剪辑素材

在制作了片头、添加了转场和音乐后，为了让短视频效果更好，我们可以根据音乐节拍点对视频素材进行剪辑，并删除多余的音乐片段，处理剩下的音乐素材。下面介绍剪辑素材的操作方法。

步骤 01 选择第 1 个视频素材，调整视频时长，使转场的开始位置与第 1 个节拍点对齐，如图 12-18 所示。

步骤 02 选择第 2 个视频素材，调整视频时长，使第 2 个转场的开始位置与第 2 个节拍点对齐，如图 12-19 所示。

图 12-18　调整第 1 个视频的时长　　　　图 12-19　调整第 2 个视频的时长

步骤 03 用同样的方法，调整其他视频的时长，并对齐各个节拍点，效果如图 12-20 所示。

步骤 04 拖动时间轴至视频的结束位置，选择背景音乐，点击"分割"按钮，如图 12-21 所示。

步骤 05 点击"删除"按钮，如图 12-22 所示。

步骤 06 选择剩下的音乐片段，点击"淡化"按钮，如图 12-23 所示。

步骤 07 进入"淡化"面板，拖动"淡出时长"滑块，设置淡出时长为 1s，设置淡入时长为 1s，如图 12-24 所示。

图 12-20　调整其他视频的时长　　　图 12-21　点击"分割"按钮

图 12-22　点击"删除"按钮　　图 12-23　点击"淡化"按钮　　图 12-24　设置淡入淡出时长

12.2.5　闭幕特效

在视频的结尾处，添加"横向闭幕"特效，可以制作片尾闭幕效果，增加视频的恢宏感，下面介绍制作片尾闭幕特效的操作方法。

步骤 01 拖动时间轴至相应位置处，点击"特效"按钮，如图 12-25 所示。

步骤 02 在二级工具栏中，点击"画面特效"按钮，如图 12-26 所示。

图 12-25　点击"特效"按钮　　　　图 12-26　点击"画面特效"按钮

步骤 03 在"基础"选项卡中，选择"横向闭幕"特效，如图 12-27 所示。

步骤 04 点击　按钮，即可添加"横向闭幕"特效，如图 12-28 所示。

图 12-27　选择"横向闭幕"特效　　　　图 12-28　添加"横向闭幕"特效

制作完成后，可以在视频的结尾处添加相应的文字，导出该视频。将导出的片头视频与该视频合并即可完成该视频的制作。